南海渔业生物资源系列

南海水产品识别原色图谱

陈国宝 曾 雷 等/编著

科学出版社
北 京

内 容 简 介

本书收集了358种南海水产品的原色照片,其中鱼类275种,虾类14种,虾蛄类4种,蟹类12种,头足类8种,贝类29种,螺类13种,其他类3种。依次列出每个种类的中文名、拉丁名和别名,并对其特征、习性以及分布等方面作了简述。原色照片中标注了种类的最显著形态特征,具有形象直观、通俗易懂以及方便使用的特点。

本书是一本学术性与实用性相结合的参考书,适合海洋渔业科研与教学人员、水产科技与渔业工作者、生物与渔业爱好者参阅。

图书在版编目(CIP)数据

南海水产品识别原色图谱 / 陈国宝等编著. —北京:科学出版社,2021.7

(南海渔业生物资源系列)

ISBN 978-7-03-069230-6

Ⅰ.①南… Ⅱ.①陈… Ⅲ.①水产品—鉴别—南海—图谱 Ⅳ.①S922.9-64

中国版本图书馆CIP数据核字(2021)第113506号

责任编辑:郭勇斌 彭婧煜 方昊圆 / 责任校对:杜子昂
责任印制:师艳茹 / 封面设计:黄华斌

科 学 出 版 社 出版

北京东黄城根北街16号

邮政编码:100717

http://www.sciencep.com

北京汇瑞嘉合文化发展有限公司 印刷

科学出版社发行 各地新华书店经销

*

2021年7月第 一 版 开本:787×1092 1/16
2021年7月第一次印刷 印张:13

字数:306 000

定价:**158.00元**

(如有印装质量问题,我社负责调换)

本书编写组

主编　陈国宝（中国水产科学研究院南海水产研究所）

　　　　曾　雷（中国水产科学研究院南海水产研究所）

编委　（按姓氏笔画排列）

　　　　于　杰（中国水产科学研究院南海水产研究所）

　　　　陈方灿（广州千江水生态科技有限公司）

　　　　陈建新（三亚市农业农村局）

　　　　梁沛文（中国水产科学研究院南海水产研究所）

前　言

　　南海水产品种类繁多，不仅为人们提供了富含蛋白质的食物，还深深融入了人类的文化。我国是世界上最大的水产品生产国，也是水产品消费大国，特别是一些沿海地区，有"无鱼不成席，无鱼不成礼"的习俗。提到水产品种类，人们首先想到的是龙虾和鲍鱼这些名贵水产品，它们是很多高级宴会的首选。然而，无论是在餐桌上还是水产品交易市场上，人们往往仅能道出诸如东星斑、红鱼、泥猛、濑尿虾等少数常见水产品种类的俗称。因此，让市民了解水产品在分类学上的形态特征非常必要。

　　作者借助海上现场调查和南海沿海渔港、渔村以及水产品交易市场调研的机会，多年来坚持收集标本，并对实物进行拍摄和鉴定。同时，综合海洋渔业科研工作者的研究成果和广东、广西及海南沿海渔民群众的生产经验，选取了一批水产品采集成果汇集于《南海水产品识别原色图谱》进行介绍。本书收集了 358 种南海水产品的原色照片，其中鱼类 275 种，虾类 14 种，虾蛄类 4 种，蟹类 12 种，头足类 8 种，贝类 29 种，螺类 13 种，其他类 3 种。依次列出每个种类的中文名、拉丁名和别名，并对其特征、习性以及分布等方面作了简述。书中目、种的中文名和拉丁名及其排序参照《拉汉世界鱼类系统名典》（2017）和《中国海洋生物种类与分布（增订版）》（2008）。

　　当然，从形态学方面识别水产品种类不能以一张图片作为鉴定的依据。本书图中标注的种类显著特征，仅为大家在分类过程中提供参考，而真正确定种类应以实物为基础，以分类系统为技术手段，从其形态、身体内部构造、发育特点、生理习性、生活的地理环境等多方面进行综合研究鉴定。

　　本书是团队共同创作的结晶。作者近十年来，花了大量时间和精力拍摄新鲜标本和核对有效种名。在样品收集和本书编写过程中，得到了许多同仁的鼎力支持，也得到广大渔民的信任和支持。上海海洋大学 2020 级硕士研究生王薇参与了文稿校对工作。在此，对帮助本书出版的所有单位及良师益友谨致衷心的感谢！

　　由于作者水平有限，书中难免有疏漏之处，敬请读者批评指正。

作　者

2021 年 3 月

目　录

目

录

目

录

南
海
水
产
品
识
别
原
色
图
谱

目

录

目

录

xi

南
海

水
产
品
识
别
原
色
图
谱

目

录

目录

一、须鲨目

1. 条纹斑竹鲨 *Chiloscyllium plagiosum* (Anonymous [Bennett], 1830)

第一背鳍始于腹
鳍基底中央上方

体具褐色横带，散布白色斑点

臀鳍高于尾鳍下叶

【别名】条纹狗鲨、红狗鲨、斑竹狗鲨、狗螺鲨

【特征】体修长，灰褐色；尾鳍下叶低平延长，有缺刻。

【习性】栖息于浅海底层藻类繁生的环境；卵生。

【分布】主要分布于印度－西太平洋暖水海域，我国主要分布于东海和南海。

2. 点纹斑竹鲨 *Chiloscyllium punctatum* Müller & Henle, 1838

第一背鳍起点与腹鳍起
点相对；背鳍后缘凹入

体具 11 条棕褐色
横带，并散布小黑点

【别名】点纹狗鲨、狗鲨、狗鲛

【特征】体延长，黄褐色；臀鳍较第二背鳍显著靠后；臀鳍基底较尾鳍下叶短。

【习性】栖息于珊瑚礁或潮间带，耐干能力强，可离水存活 12 小时；卵生。

【分布】主要分布于印度－西太平洋海域，我国主要分布于东海和南海。

二、真鲨目

3. 宽尾斜齿鲨 *Scoliodon laticaudus* Müller & Henle, 1838

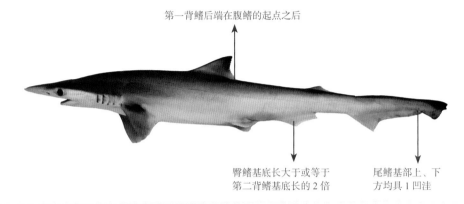

第一背鳍后端在腹鳍的起点之后

臀鳍基底长大于或等于
第二背鳍基底长的 2 倍

尾鳍基部上、下
方均具 1 凹注

【别名】尖头斜齿鲨、尖头鲨、宽尾斜齿鲛

【特征】体背灰褐色，腹侧白色；背鳍、胸鳍、尾鳍灰褐色，臀鳍、腹鳍淡白色。

【习性】暖水性小型鲨类，常结群巡游；胎生。

【分布】主要分布于印度－西太平洋海域，我国主要分布于东海和南海。

三、鲼目

4. 尖嘴魟 *Dasyatis zugei* (Müller & Henle, 1841)

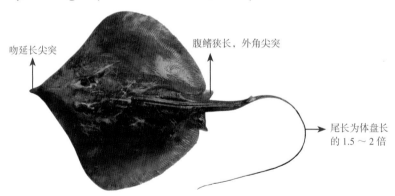

吻延长尖突

腹鳍狭长，外角尖突

尾长为体盘长
的 1.5～2 倍

【别名】魟仔、尖嘴土魟、鯆鱼

【特征】体盘圆形，前缘略凹入；尾长如鞭，上、下皮膜较发达。

【习性】暖水性近海底栖小型魟类，亦常进入河口水域；卵胎生。

【分布】主要分布于印度－西太平洋海域，我国主要分布于黄海、东海和南海。

四、海鲢目

5. 大眼海鲢 *Elops machnata* (Forsskål, 1775)

背鳍最后鳍条不延长

下颌具有喉板

体被细小圆鳞

【别名】夏威夷海鲢、海鲢、四破、竹蒿头、竹锦
【特征】背鳍 20～23；臀鳍 14～16；胸鳍 17～18；腹鳍 14～16。
【习性】亚热带洄游鱼类，幼鱼常栖息于河口等半咸淡水水域，成鱼于外海产卵。
【分布】主要分布于印度－西太平洋海域，我国主要分布于黄海、东海和南海。

6. 大海鲢 *Megalops cyprinoides* (Broussonet, 1782)

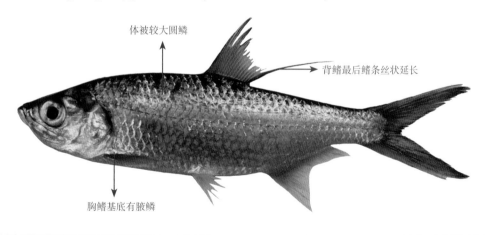

体被较大圆鳞

背鳍最后鳍条丝状延长

胸鳍基底有腋鳞

【别名】海鲢、粗鳞鲢、草鲢、大青鳞、坑曹白
【特征】背鳍 17；臀鳍 26；胸鳍 15；腹鳍 10；侧线鳞 39～42 (5/6)。
【习性】暖水性近海中上层鱼类，有时会进入河口水域。
【分布】主要分布于印度－太平洋海域，我国主要分布于东海和南海。

四、海鲢目

五、北梭鱼目

7. 圆颌北梭鱼 *Albula glossodonta* (Forsskål, 1775)

体侧有 10 余条灰色纵带

吻端具半圆形斑

口下位，人字形

【别名】北梭鱼、竹蒿鲢、狐鳗、烂肉蔬

【特征】背鳍 16 ～ 18；臀鳍 8；胸鳍 16；腹鳍 10；侧线鳞 73 ～ 77 (9/6 ～ 7)。

【习性】栖息于温热带沿岸水域和近海河口水域。

【分布】主要分布于印度 - 太平洋温热带海域，我国主要分布于东海和南海。

六、鳗鲡目

8. 花鳗鲡 *Anguilla marmorata* Quoy & Gaimard, 1824

背鳍起点位于胸鳍与
肛门中间稍前的位置

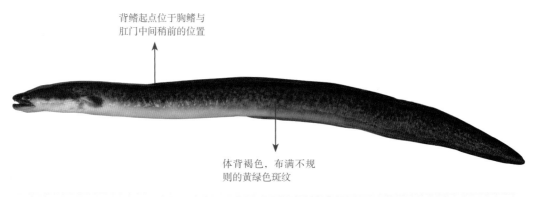

体背褐色，布满不规
则的黄绿色斑纹

【别名】鲈鳗、花鳗、土龙、坑鳗

【特征】背鳍 254；臀鳍 191；胸鳍 15。

【习性】降河洄游鱼类，主要栖息于河流中上游的底层或洞穴内。

【分布】主要分布于印度 - 西太平洋海域，我国主要分布于黄海、东海和南海。

9. 匀斑裸胸鳝 *Gymnothorax reevesii* (Richardson, 1845)

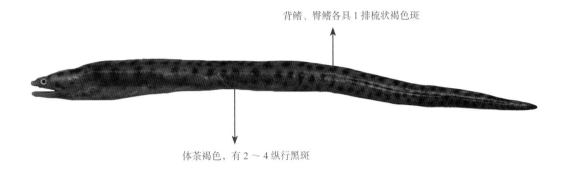

背鳍、臀鳍各具 1 排梳状褐色斑

体茶褐色，有 2 ～ 4 纵行黑斑

【别名】鲢追、鳢追、钱鳗、虎鳗

【特征】脊椎骨 127 ～ 128；前颌骨齿 2 ～ 3 枚。

【习性】主要栖息于岩礁海岸区，以鱼类为主食。

【分布】主要分布于西北太平洋暖温带海域，我国主要分布于南海。

10. 网纹裸胸鳝 *Gymnothorax reticularis* Bloch, 1795

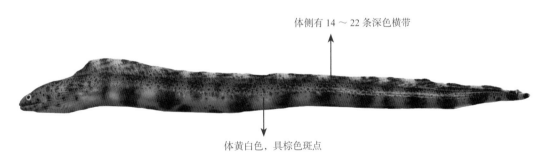

体侧有 14 ～ 22 条深色横带

体黄白色，具棕色斑点

【别名】疏条裸胸鳝、鲢追、鳢追

【特征】脊椎骨 134 ～ 144；颌齿和犁骨齿均 1 行，为侧扁犬齿。

【习性】主要栖息于沙泥底质海域，肉食性。

【分布】主要分布于印度 - 西太平洋暖温带海域，我国主要分布于东海和南海。

六、鳗鲡目

11. 波纹裸胸鳝 *Gymnothorax undulatus* (Lacepède, 1803)

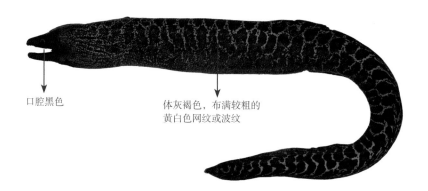

口腔黑色

体灰褐色，布满较粗的
黄白色网纹或波纹

【别名】杉追、鲶追、薯鳗、虎鳗、钱鳗

【特征】脊椎骨 128 ～ 131；颌齿和犁骨齿均 1 行，为犬齿状。

【习性】主要栖息于浅海珊瑚礁、岩礁的洞穴及隙缝中。

【分布】主要分布于印度 - 太平洋暖温带海域，我国主要分布于东海和南海。

12. 艾氏蛇鳗 *Ophichthus evermanni* Jordan & Richardson, 1909

体具黄褐色不规则云斑

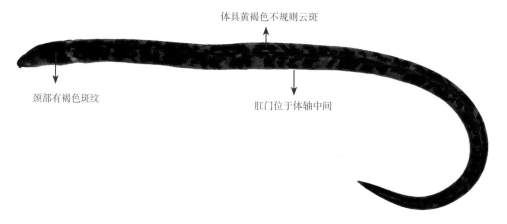

颈部有褐色斑纹

肛门位于体轴中间

【别名】沙鳝

【特征】胸鳍 14；肛前侧线孔 68 ～ 74；脊椎骨 151。

【习性】主要栖息于沿岸浅水泥底质海域。

【分布】主要分布于西太平洋海域，我国主要分布于东海和南海。

13. 食蟹豆齿鳗 *Pisodonophis cancrivorus* (Richardson, 1848)

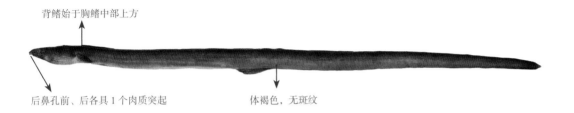

背鳍始于胸鳍中部上方

后鼻孔前、后各具 1 个肉质突起

体褐色，无斑纹

【别名】骨鳝、鳗仔、硬骨仔、硬骨篡

【特征】胸鳍 13 ～ 14；肛前侧线孔 55 ～ 60；脊椎骨 153 ～ 162。

【习性】多穴居于近岸沙泥底质海域，对淡水耐受性较强，偶尔上溯至河川下游觅食。

【分布】主要分布于印度 - 太平洋海域，我国主要分布于东海和南海。

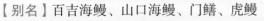

14. 褐海鳗 *Muraenesox bagio* (Hamilton, 1822)

肛前侧线孔 34 ～ 37

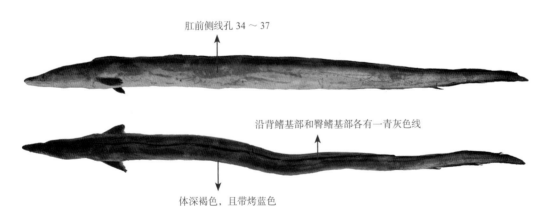

沿背鳍基部和臀鳍基部各有一青灰色线

体深褐色，且带烤蓝色

【别名】百吉海鳗、山口海鳗、门鳝、虎鳗

【特征】胸鳍 17；肛前侧线孔 34 ～ 37；脊椎骨 128 ～ 142。

【习性】栖息于沙泥底质海域或岩礁海域，有季节洄游习性。

【分布】主要分布于印度 - 西太平洋海域，我国主要分布于东海和南海。

六、鳗鲡目

15. 海鳗 *Muraenesox cinereus* (Forsskål, 1775)

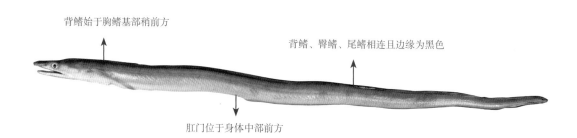

背鳍始于胸鳍基部稍前方

背鳍、臀鳍、尾鳍相连且边缘为黑色

肛门位于身体中部前方

【别名】灰海鳗、狼牙鳝、虎鳗、钱鳗、门鳝

【特征】胸鳍 16 ～ 17；肛前侧线孔 40 ～ 44；脊椎骨 142 ～ 159。

【习性】暖水性近底层鱼类，常栖息于沙泥底质海域。

【分布】主要分布于印度－西太平洋海域，我国沿海均有分布。

16. 穴美体鳗 *Ariosoma anago* (Temminck & Schlegel, 1846)

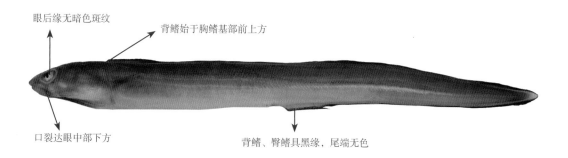

眼后缘无暗色斑纹

背鳍始于胸鳍基部前上方

口裂达眼中部下方

背鳍、臀鳍具黑缘，尾端无色

【别名】齐头鳗、沙鳗

【特征】胸鳍 12 ～ 16；肛前侧线孔 58 ～ 60；脊椎骨 149 ～ 150。

【习性】主要栖息于沙底质 100 ～ 400 m 的大陆斜坡海域。

【分布】主要分布于印度－西太平洋暖水海域，我国主要分布于东海和南海。

17. 米克氏美体鳗 *Ariosoma meeki* (Jordan & Snyder, 1900)

眼后缘上、下侧
各有一褐色长斑

背鳍始于胸鳍基部上方

尾端肉质，不易弯折

口裂达眼中部后下方

【别名】梅氏美体鳗、臭腥鳗

【特征】胸鳍 15；肛前侧线孔 62；脊椎骨 157。

【习性】主要栖息于 100 ～ 400 m 深的海域。

【分布】主要分布于西北太平洋海域，我国主要分布于南海东北部、黄海南部和东海。

18. 异颌颌吻鳗 *Gnathophis heterognathos* (Bleeker, 1858)

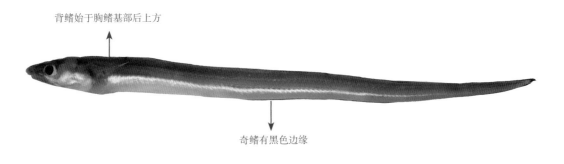

背鳍始于胸鳍基部后上方

奇鳍有黑色边缘

【别名】日本颌吻鳗、尼氏颌吻鳗

【特征】胸鳍 11 ～ 14，肛前侧线孔 29 ～ 35，脊椎骨 117 ～ 124。

【习性】栖息于约 200 m 深的沙泥底质海域。

【分布】主要分布于西太平洋海域，我国主要分布于南海。

六、鳗鲡目

19. 线尾蛴鳗 *Saurenchelys fierasfer* (Jordan & Snyder, 1901)

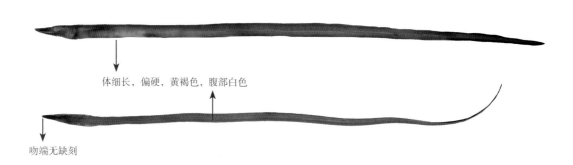

体细长，偏硬，黄褐色，腹部白色

吻端无缺刻

【别名】丝尾草鳗、野蛴鳗、浅尾蛴鳗

【特征】肛前侧线孔 29 ～ 39；脊椎骨 211。

【习性】暖水性小型鳗类，深海种类。

【分布】主要分布于西太平洋海域，我国主要分布于东海和南海。

七、鲱形目

20. 鳓 *Ilisha elongata* (Anonymous[Bennett], 1830)

吻上翘

胸鳍短于头长

臀鳍 48 ～ 50

【别名】长鳓、白力、曹白鱼

【特征】背鳍 15 ～ 17；臀鳍 48 ～ 50；胸鳍 17；腹鳍 7；纵列鳞 52 ～ 54。

【习性】暖水性近海中上层洄游鱼类，喜群居。

【分布】主要分布于印度 - 太平洋海域，我国沿海均有分布。

21. 凤鲚 *Coilia mystus* (Linnaeus, 1758)

尾鳍尖端稍带黑色，尾鳍基部略带金黄色

胸鳍具 6 条丝状游离鳍条

【别名】凤尾鱼、葛氏鲚、白鼻、黄鲚

【特征】背鳍 I-13；臀鳍 74 ～ 79；胸鳍 6+12；腹鳍 I-6；纵列鳞 60 ～ 65。

【习性】近海过河口性洄游鱼类，产卵期为 5 ～ 7 月，性成熟亲鱼游至河口水域产卵。

【分布】主要分布于印度 – 西太平洋海域，我国沿海均有分布。

22. 黄鲫 *Setipinna tenuifilis* (Valenciennes, 1848)

背鳍前有一小刺

尾鳍后缘黑色

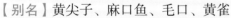
胸鳍第一鳍条呈丝状延长

【别名】黄尖子、麻口鱼、毛口、黄雀

【特征】背鳍 13 ～ 14；臀鳍 50 ～ 56；胸鳍 12 ～ 13；腹鳍 7；纵列鳞 43 ～ 46。

【习性】暖温性中小型鱼类，集群栖息于近海沙泥底质海域。

【分布】主要分布于印度 – 西太平洋海域，我国沿海均有分布。

七、鲱形目

23. 银灰半棱鳀 *Encrasicholina punctifer* Fowler, 1938

头顶及其后方有绿斑

体侧具银白色纵带

腹鳍前棱刺 4 ～ 5

背臀鳍始于背鳍后下方

【别名】青带小公鱼、刺公鳀

【特征】背鳍 14；臀鳍 16 ～ 18；胸鳍 13 ～ 14；腹鳍 7；纵列鳞 39 ～ 42。

【习性】暖水性浅海小型鱼类。

【分布】主要分布于印度 - 西太平洋海域，我国主要分布于东海和南海。

24. 韦氏侧带小公鱼 *Stolephorus waitei* Jordan & Seale, 1926

头背有黑斑

体淡褐色，有一银色纵带

臀鳍始于背鳍基部中央下方

【别名】短背侧带小公鱼、岛屿小公鱼

【特征】背鳍 16 ～ 17；臀鳍 20 ～ 23；胸鳍 14；腹鳍 7；纵列鳞 37 ～ 38。

【习性】暖水性表层鱼类，具群游性。

【分布】主要分布于印度 - 西太平洋海域，我国主要分布于东海和南海。

25. 赤鼻棱鳀 *Thryssa kammalensis* (Bleeker, 1849)

吻常为赤红色

尾鳍具黑缘

体背青灰色

【别名】赤鼻、黄姑、景映、青瓜

【特征】背鳍 I, 12；臀鳍 28 ～ 34；胸鳍 13；腹鳍 7；纵列鳞 38 ～ 40。

【习性】近海表层滤食性鱼类，以浮游生物为食。

【分布】主要分布于印度 - 西太平洋海域，我国沿海均有分布。

26. 宝刀鱼 *Chirocentrus dorab* (Forsskål, 1775)

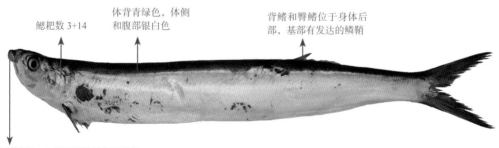

鳃耙数 3+14

体背青绿色，体侧和腹部银白色

背鳍和臀鳍位于身体后部，基部有发达的鳞鞘

上颌稍短，上颌骨不伸到前鳃盖骨

【别名】短额宝刀鱼、西刀鱼、宝刀

【特征】背鳍 16；臀鳍 30 ～ 34；胸鳍 14 ～ 15；腹鳍 7；纵列鳞 221 ～ 250。

【习性】暖水性中上层鱼类，喜分散活动。

【分布】主要分布于印度 - 太平洋暖水海域，我国主要分布于黄海、东海和南海。

七、鲱形目

27. 无齿鲦 *Anodontostoma chacunda* (Hamilton, 1822)

体侧上方有数行黄绿色小点

鳃盖后上方有一大黑斑

背鳍最后鳍条不延长为丝状

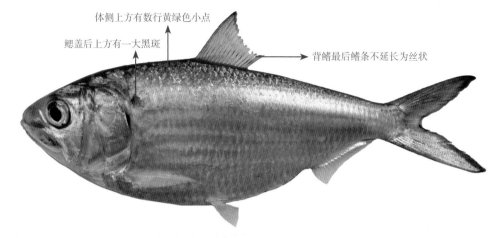

【别名】黄鱼、厚壳

【特征】背鳍 18 ～ 19；臀鳍 19 ～ 20；胸鳍 15 ～ 16；腹鳍 8；纵列鳞 40 ～ 42。

【习性】暖水性近海小型鱼类，也做溯河洄游。

【分布】主要分布于印度－太平洋温热带海域，我国主要分布于东海和南海。

28. 花鰶 *Clupanodon thrissa* (Linnaeus, 1758)

体侧上方有多个斑点

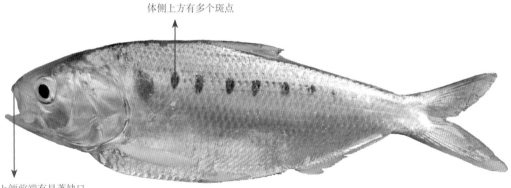

上颌前端有显著缺口

【别名】黄鱼、花黄鱼

【特征】背鳍 15；臀鳍 23 ～ 26；胸鳍 15；腹鳍 8；纵列鳞 44 ～ 48。

【习性】近海中上层中小型洄游鱼类，具群游性。

【分布】主要分布于西北太平洋海域，我国主要分布于东海和南海。

29. 黄带圆腹鲱 *Dussumieria elopsoides* Bleeker, 1849

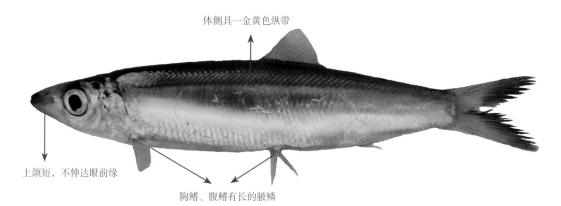

体侧具一金黄色纵带

上颌短，不伸达眼前缘

胸鳍、腹鳍有长的腋鳞

【别名】圆腹鲱、哈氏圆腹鲱、海河

【特征】背鳍 19 ～ 21；臀鳍 17；胸鳍 14 ～ 15；腹鳍 8；纵列鳞 52 ～ 58。

【习性】暖水性中上层小型鱼类。

【分布】主要分布于印度－太平洋海域，我国主要分布于东海和南海。

30. 叶鲱 *Escualosa thoracata* (Valenciennes, 1847)

沿体背有 2 行平行小黑点

上颌骨伸达瞳孔前下方

体侧有一与眼径等宽的纵带

【别名】洁白鲱、玉鳞鱼、银条若鲱

【特征】背鳍 15 ～ 16；臀鳍 19 ～ 20；胸鳍 12 ～ 14；腹鳍 7；纵列鳞 39 ～ 41。

【习性】暖水性近海小型鱼类。

【分布】主要分布于印度－西太平洋温热带海域，我国主要分布于南海。

七、鲱形目

31. 斑鰶 *Konosirus punctatus* (Temminck & Schlegel, 1846)

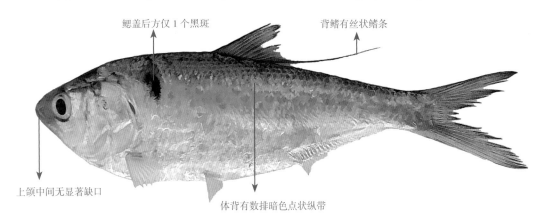

鳃盖后方仅 1 个黑斑

背鳍有丝状鳍条

上颌中间无显著缺口

体背有数排暗色点状纵带

【别名】黄鱼、金耳环、宽杉

【特征】背鳍 15 ～ 17；臀鳍 21 ～ 24；胸鳍 16；腹鳍 8；纵列鳞 53 ～ 56。

【习性】近海中上层中小型洄游鱼类，具群游性。

【分布】主要分布于西北太平洋海域，我国沿海均有分布。

32. 圆吻海鰶 *Nematalosa nasus* (Bloch, 1795)

体侧上方有数列
黑色小点状纵带

背鳍最后鳍条丝状延长

【别名】方身海鰶、黄鱼

【特征】背鳍 15 ～ 16；臀鳍 20 ～ 24；胸鳍 16 ～ 17；腹鳍 8；纵列鳞 45 ～ 50。

【习性】近海小型洄游鱼类，有群游性和趋光性。

【分布】主要分布于印度 - 太平洋近岸海域，我国主要分布于东海和南海。

33. 锤氏小沙丁鱼 *Sardinella zunas* (Bleeker, 1854)

脂眼睑发达

腹部隆起，棱鳞锐利

【别名】青鳞小沙丁鱼、寿南青鳞鱼、青鳞

【特征】背鳍 17～19；臀鳍 18～19；胸鳍 15～17；腹鳍 8；纵列鳞 42～43。

【习性】近海中上层小型洄游鱼类，具群游性。

【分布】主要分布于西太平洋海域，我国沿海均有分布。

八、鲇形目

34. 线纹鳗鲇 *Plotosus lineatus* (Thunberg, 1787)

第一背鳍和胸鳍各具一硬棘

体侧中间有 2 条黄色纵带

口须 4 对

尾鳍与臀鳍和
第二背鳍相连

【别名】鳗鲇、短须鳗鲇、坑鲇

【特征】背鳍 I-5，87～97；臀鳍 74～83；腹鳍 12。

【习性】暖水性沿岸群集性鱼类。

【分布】主要分布于印度 - 西太平洋海域，我国主要分布于东海和南海。

35. 中华海鲇 *Arius sinensis* Valenciennes, 1840

腭骨齿 1 群，呈三角形

口须 3 对

【别名】丝鳍海鲇、老头鱼

【特征】背鳍 I-6 ～ 7；臀鳍 16；胸鳍 I-11；腹鳍 6。

【习性】暖水性底层中型鱼类。

【分布】主要分布于印度－西太平洋暖水海域，我国主要分布于东海和南海。

九、仙女鱼目

36. 龙头鱼 *Harpadon nehereus* (Hamilton, 1822)

体乳白色，具灰黑色小点

胸鳍长和腹鳍长均大于头长

【别名】狗肚、豆腐鱼、水潺、水淀鱼

【特征】背鳍 11 ～ 13；臀鳍 13 ～ 15；胸鳍 10 ～ 11；腹鳍 9；侧线鳞 40 ～ 42。

【习性】暖水性底层鱼类。

【分布】主要分布于印度－西太平洋海域，我国主要分布于黄海、东海和南海。

37. 长体蛇鲻 *Saurida elongata* (Temminck & Schlegel, 1846)

胸鳍短，不达腹鳍起点

尾鳍后缘有黑边

体背黄褐色，腹部白色

【别名】长蛇鲻、狗棍、大丁、那哥
【特征】背鳍 11 ～ 12；臀鳍 10 ～ 11；胸鳍 14 ～ 15；腹鳍 9；侧线鳞 55 ～ 65。
【习性】暖温性近海底层鱼类，栖息于沙泥底质海域。
【分布】主要分布于西太平洋海域，我国沿海均有分布。

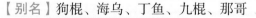

38. 多齿蛇鲻 *Saurida tumbil* (Bloch, 1795)

体侧无斑

尾鳍上缘和背鳍
前缘无节状暗斑

胸鳍可伸达腹鳍基底上方

【别名】狗棍、海乌、丁鱼、九棍、那哥
【特征】背鳍 11 ～ 13；臀鳍 10 ～ 12；胸鳍 14 ～ 15；腹鳍 9；侧线鳞 47 ～ 53。
【习性】主要栖息于沙泥底质海域。
【分布】主要分布于印度－西太平洋海域，我国主要分布于东海和南海。

九、仙女鱼目

39. 花斑蛇鲻 *Saurida undosquamis* (Richardson, 1848)

背鳍第二鳍条和尾鳍
上缘有节状黑斑

体侧中部有 9 ～ 10 个暗色斑块

【别名】沙狗棍、九棍、丁鱼、那哥

【特征】背鳍 11 ～ 12；臀鳍 11 ～ 12；胸鳍 14 ～ 15；腹鳍 9；侧线鳞 48 ～ 54。

【习性】暖水性底层中小型鱼类，栖息于大陆架沙泥底质海域。

【分布】主要分布于印度 - 西太平洋海域，我国主要分布于黄海、东海和南海。

40. 大头狗母鱼 *Trachinocephalus myops* (Forster, 1801)

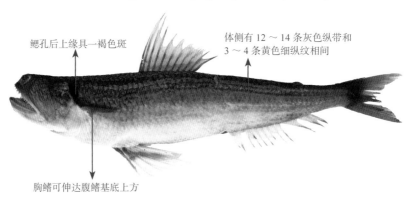

鳃孔后上缘具一褐色斑

体侧有 12 ～ 14 条灰色纵带和
3 ～ 4 条黄色细纵纹相间

胸鳍可伸达腹鳍基底上方

【别名】狗棍、奎龙、沙丁、九棍、哥西、海乌西

【特征】背鳍 12 ～ 14；臀鳍 15 ～ 17；胸鳍 12 ～ 13；腹鳍 8；侧线鳞 53 ～ 58。

【习性】暖水性近海底层鱼类，栖息于沙泥底质海域。

【分布】主要分布于太平洋、印度洋和大西洋温热带海域，我国主要分布于黄海、东海
和南海。

十、鼬鳚目

41. 多须鼬鳚 *Brotula multibarbata* Temminck & Schlegel, 1846

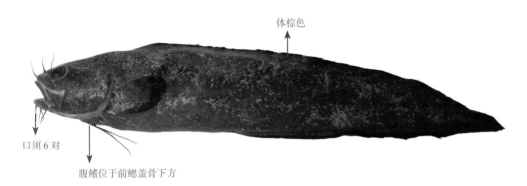

体棕色

口须 6 对

腹鳍位于前鳃盖骨下方

【别名】多须须鼬鳚、台湾须鼬鳚

【特征】背鳍 109 ～ 139；臀鳍 80 ～ 106；胸鳍 20 ～ 26；腹鳍 2。

【习性】暖水性深海大型鱼类。

【分布】主要分布于印度－太平洋海域，我国主要分布于南海。

十一、鮟鱇目

42. 黑鮟鱇 *Lophiomus setigerus* (Vahl, 1797)

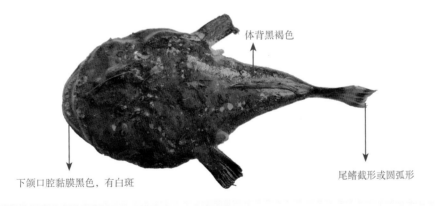

体背黑褐色

下颌口腔黏膜黑色，有白斑

尾鳍截形或圆弧形

【别名】大口鱼、黑口鮟鱇、老头鱼、蛤蟆鱼、结巴鱼

【特征】背鳍 II，I，III-7 ～ 9；臀鳍 6 ～ 7；胸鳍 20 ～ 25。

【习性】暖水性底层鱼类，主要栖息于近海沙泥底质海域。

【分布】主要分布于印度－西太平洋暖水海域，我国主要分布于东海和南海。

南海

水产品识别原色图谱

十二、鲻形目

43. 长鳍莫鲻 *Moolgarda cunnesius* (Valenciennes, 1836)

下唇有一
高耸小丘

胸鳍伸达或超过背鳍起点

胸鳍基部有一黑点
且上方具大腋鳞

【别名】长鳍凡鲻、鲅鱼、乌鱼

【特征】背鳍Ⅵ, 9；臀鳍Ⅲ-9；胸鳍16～17；纵列鳞31～34。

【习性】常栖息于沿岸沙泥底质海域，具群集性。

【分布】主要分布于印度 - 西太平洋暖水海域，我国主要分布于东海和南海。

44. 少鳞莫鲻 *Moolgarda pedaraki* (Valenciennes, 1836)

胸鳍基部有黑色斑点

眼径大于吻长

【别名】平吻凡鲻、平头凡鲻、布氏莫鲻

【特征】背鳍Ⅳ, 9；臀鳍Ⅲ-9；胸鳍17～19；纵列鳞35～38。

【习性】暖水性近岸鱼类，栖息于内湾、咸淡水水域。

【分布】主要分布于东印度洋、西太平洋暖水海域，我国主要分布于南海。

45. 鲻 *Mugil cephalus* Linnaeus, 1758

胸鳍基底上方呈蓝色，
胸鳍短于吻后头长

体背暗色，体侧有 6～7 条纵线

上颌有一缺刻，
下颌有一突起

【别名】乌头、尖头西、齐鱼、黑耳鲻、头鲻、白眼鲻
【特征】背鳍Ⅳ, 8～9；臀鳍Ⅲ-8～9；胸鳍 16～19；侧线鳞 37～44。
【习性】暖温性近岸鱼类，栖息于内湾或河口咸淡水水域。
【分布】主要分布于西北太平洋暖温水海域，我国沿海均有分布。

十三、银汉鱼目

46. 南洋美银汉鱼 *Atherinomorus lacunosus* (Forster, 1801)

前鳃盖骨后缘有缺刻

体背浅灰褐色，腹侧白色

眼较大，眼径为头长的 1/2 以上

肛门位于腹鳍末端或稍靠前

【别名】南洋近银汉鱼、蓝美银汉鱼、福氏美银汉鱼、海岛美银汉鱼、重鳞
【特征】背鳍Ⅳ～Ⅵ, I-8～11；臀鳍 I-12～16；纵列鳞 39～44。
【习性】暖水性浅海小型鱼类，喜成群栖息于内湾沙泥底质海域。
【分布】主要分布于印度 - 西太平洋暖水海域，我国主要分布于东海和南海。

十四、颌针鱼目

47. 无斑鱵 *Hemiramphus lutkei* Valenciennes, 1847

喙黑色，
前端橘红色

臀鳍始于背鳍
第 4 ～ 5 鳍条下方

【别名】南洋鱵、路氏鱵

【特征】背鳍 13 ～ 15；臀鳍 11 ～ 13；胸鳍 10 ～ 12；背鳍前鳞 36 ～ 41。

【习性】暖水性中上层鱼类，栖息于沿海表层海域。

【分布】主要分布于印度－西太平洋温热带海域，我国主要分布于东海和南海。

48. 横带扁颌针鱼 *Ablennes hians* (Valenciennes, 1846)

体背翠绿色

体侧有 8 ～ 13 条蓝色横带

臀鳍和背鳍均延长

【别名】扁鹤鱵、尖嘴带鱼、长嘴鱼

【特征】背鳍 24 ～ 25；臀鳍 25 ～ 27；胸鳍 14。

【习性】暖水性中上层鱼类，栖息于沿海表层海域。

【分布】主要分布于太平洋、大西洋和印度洋温热带海域，我国主要分布于东海和南海。

49. 鳄形圆颌针鱼 *Tylosurus crocodilus crocodilus* (Péron & Lesueur, 1821)

鳃盖前方有蓝色横带

体背灰黑色

背鳍、臀鳍起点基本相对

上颌平直，下颌末端无斧状突起

背鳍、臀鳍中部内凹

尾柄处有棱

【别名】大圆颌针鱼、鳄形叉尾圆颌针鱼、鹤鱵、青鹤

【特征】背鳍 19 ～ 24；臀鳍 19 ～ 22；胸鳍 14 ～ 15。

【习性】暖水性中上层鱼类，栖息于沿海表层海域。

【分布】主要分布于印度 - 西太平洋温热带海域，我国主要分布于东海和南海。

50. 秋刀鱼 *Cololabis saira* (Brevoort, 1856)

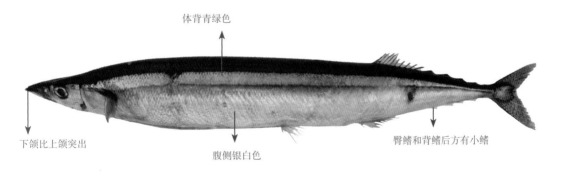

体背青绿色

下颌比上颌突出

腹侧银白色

臀鳍和背鳍后方有小鳍

【别名】竹刀鱼

【特征】背鳍 8 ～ 11+5 ～ 6；臀鳍 10 ～ 14+6 ～ 9；胸鳍 12 ～ 15；侧线鳞 128 ～ 148。

【习性】冷温性中上层鱼类，栖息于大洋表层，具季节洄游性。

【分布】主要分布于北太平洋冷温海域，我国主要分布于黄海、东海和南海浅滩渔场。

十四、颌针鱼目

十五、金眼鲷目

51. 柏氏锯鳞鱼 *Myripristis botche* Cuvier, 1829

鳃盖膜具暗红色斑

鳞片中央银粉红色至淡黄色，边缘为深红色

【别名】博氏锯鳞鱼、黑斑锯鳞鱼

【特征】背鳍X, I-13～14；臀鳍Ⅳ-12～13；胸鳍14～15；侧线鳞28。

【习性】暖水性底层鱼类，主要栖息于珊瑚礁或岩礁海域。

【分布】主要分布于印度－太平洋暖水海域，我国主要分布于东海和南海。

52. 日本骨鳂 *Ostichthys japonicus* (Cuvier, 1829)

背鳍最后一鳍棘的长度为前一鳍棘的2～3倍

侧线上鳞3.5行

鳞表粗糙，具银白色光泽

【别名】日本骨鳞鱼、将军甲、铁甲

【特征】背鳍Ⅻ, 12～14；臀鳍Ⅳ-10～12；胸鳍16～17；侧线鳞28～30。

【习性】暖水性底层鱼类。

【分布】主要分布于印度－西太平洋海域，我国主要分布于东海和南海。

53. 黑点棘鳞鱼 *Sargocentron melanospilos* (Bleeker, 1858)

背鳍棘膜有白斑

各鳍常有黑斑，以背鳍黑斑最大

侧线上鳞 2.5 行

上颌前端比下颌突出

【别名】金鳞甲、铁线婆

【特征】背鳍Ⅺ, 12 ～ 14；臀鳍Ⅳ-9 ～ 10；胸鳍 13 ～ 14；侧线鳞 32 ～ 36。

【习性】暖水性岩礁鱼类，具夜行性。

【分布】主要分布于印度 - 太平洋海域，我国主要分布于东海和南海。

54. 点带棘鳞鱼 *Sargocentron rubrum* (Forsskål, 1775)

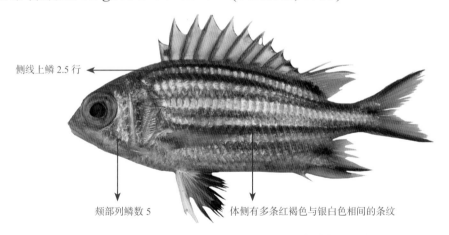

侧线上鳞 2.5 行

颊部列鳞数 5

体侧有多条红褐色与银白色相间的条纹

【别名】黑带棘鳍鱼、黑带金鳞鱼、红眼鳃

【特征】背鳍Ⅺ, 12 ～ 14；臀鳍Ⅳ-9 ～ 10；胸鳍 14；侧线鳞 33 ～ 36。

【习性】暖水性岩礁鱼类。

【分布】主要分布于印度 - 西太平洋海域，我国主要分布于东海和南海。

十五、金眼鲷目

十六、海鲂目

55. 远东海鲂 *Zeus faber* Linnaeus, 1758

背鳍鳍棘细长，
棘间膜延长成丝

体侧有一具白色边框的大黑斑

沿背鳍基部和臀鳍基部各有一棘状骨板

【别名】日本海鲂

【特征】背鳍X, 22 ~ 23；臀鳍Ⅳ-21 ~ 23；胸鳍 13；腹鳍 I-7；侧线鳞约 110。

【习性】暖水性底层鱼类。

【分布】主要分布于世界各大海域，我国主要分布于黄海、东海和南海。

十七、刺鱼目

56. 三斑海马 *Hippocampus trimaculatus* Leach, 1814

背前方有 3 个大黑斑

尾部骨环四棱形

躯干部骨环七棱形

眼周围具
放射状斑纹

【别名】高伦海马、斑海马、库达海马、海马

【特征】背鳍 20 ~ 21；臀鳍 4；胸鳍 17 ~ 18；体环 11+40 ~ 41。

【习性】主要栖息于具海藻床的岩礁海域。

【分布】主要分布于印度 - 太平洋暖水海域，我国主要分布于东海和南海。

57. 锯粗吻海龙 *Trachyrhamphus serratus* (Temminck & Schlegel, 1850)

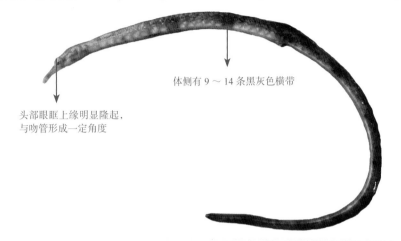

体侧有 9 ～ 14 条黑灰色横带

头部眼眶上缘明显隆起，
与吻管形成一定角度

【别名】粗吻海龙

【特征】背鳍 24 ～ 29；臀鳍 3 ～ 4；胸鳍 14 ～ 19；尾鳍 9；体环 21 ～ 24+55 ～ 63。

【习性】暖水性底层鱼类。

【分布】主要分布于印度－西太平洋暖水海域，我国主要分布于东海和南海。

58. 鳞烟管鱼 *Fistularia petimba* Lacepède, 1803

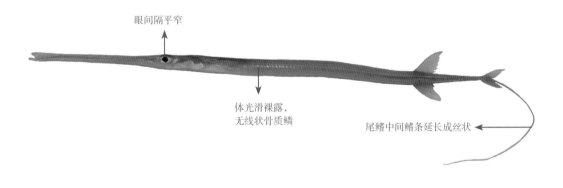

眼间隔平窄

体光滑裸露，
无线状骨质鳞

尾鳍中间鳍条延长成丝状

【别名】马鞭鱼、喇叭鱼、鳞马鞭鱼、毛烟管鱼

【特征】背鳍 14 ～ 16；臀鳍 14 ～ 15；胸鳍 15 ～ 17；腹鳍 6。

【习性】暖水性底层鱼类。

【分布】主要分布于太平洋、印度洋和大西洋海域，我国主要分布于黄海、东海和南海。

十七、刺鱼目

十八、鲀形目

59. 东方豹鲂鮄 *Dactyloptena orientalis* (Cuvier, 1829)

眼间隔较窄、深凹

体表密布浅褐色圆斑

胸鳍具深绿色小圆斑

臀鳍有一黑斑

【别名】东方飞角鱼、角鱼、飞角鱼、角须纹

【特征】背鳍 I, V, I, 8；臀鳍 7；胸鳍 33；腹鳍 I-4；侧线鳞 47。

【习性】暖水性底层鱼类，栖息于沙泥底质海域。

【分布】主要分布于印度 - 太平洋海域，我国主要分布于东海和南海。

60. 棱须蓑鲉 *Apistus carinatus* (Bloch & Schneider, 1801)

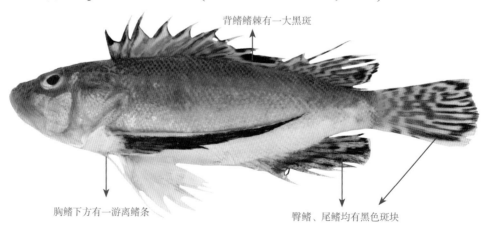

背鳍鳍棘有一大黑斑

胸鳍下方有一游离鳍条

臀鳍、尾鳍均有黑色斑块

【别名】须蓑鲉、狮子鱼

【特征】背鳍XIV～XV-8～10；臀鳍Ⅲ-7～8；胸鳍 11～12；腹鳍 I-5；侧线鳞 20～30。

【习性】暖水性底层鱼类，栖息于沿岸沙泥底质海域。

【分布】主要分布于印度 - 西太平洋暖水海域，我国主要分布于东海和南海。

61. 红鳍拟鳞鲉 *Paracentropogon rubripinnis* (Temminck & Schlegel, 1843)

体黄褐色，密布云状斑纹

背鳍始于眼上方

胸鳍不达
臀鳍起点

【别名】红鳍赤鲉、老虎鱼、虎鱼

【特征】背鳍XIV～XV-6～7；臀鳍Ⅲ-3～4；胸鳍11；腹鳍I-4；侧线鳞17～20。

【习性】暖水性岩礁鱼类。

【分布】主要分布于西北太平洋暖水海域、朝鲜半岛海域，我国主要分布于东海和南海。

62. 须拟鲉 *Scorpaenopsis cirrosa* (Thunberg, 1793)

头部较窄

各鳍具斑纹或斑点

体红褐色，散布黑色小斑点

【别名】石狗公、石头鱼

【特征】背鳍XII-9；臀鳍Ⅲ-5；胸鳍18；腹鳍I-5；侧线鳞22～25。

【习性】暖水性岩礁鱼类。

【分布】主要分布于西太平洋海域，我国主要分布于东海和南海。

63. 魔拟鲉 *Scorpaenopsis neglecta* Heckel, 1837

头部较宽

体形偏高，呈黑褐色

尾鳍有 2 条弧形横纹

胸鳍内侧具一黑斑，外缘有黑色带

【别名】光鳃拟鲉、斑鳍石狗公、石头鱼

【特征】背鳍XII-9 ～ 10；臀鳍III-5；胸鳍 16 ～ 20；腹鳍 I-5；侧线鳞 22 ～ 25。

【习性】暖水性珊瑚礁鱼类。

【分布】主要分布于印度‒太平洋暖水海域，我国主要分布于东海和南海。

64. 玫瑰毒鲉 *Synanceia verrucosa* Bloch & Schneider, 1801

体散布黑色和红色斑块

尾鳍有 1 条横纹

胸鳍有 3 条宽纹

【别名】石头鱼、老虎鱼、毒鲉、肿瘤毒鲉

【特征】背鳍XII～ XIV-5 ～ 7；臀鳍III-5 ～ 6；胸鳍 18 ～ 29；腹鳍 I-5；侧线鳞 11 ～ 12。

【习性】暖水性底层鱼类，常栖息于潮间带、洞穴及岩缝中。

【分布】主要分布于印度‒西太平洋暖水海域，我国主要分布于东海和南海。

65. 棘绿鳍鱼 *Chelidonichthys spinosus* (McClelland, 1844)

胸鳍内侧艳绿色，
具浅色斑点

体红色，具蓝褐色网纹

胸鳍下侧有 3 条
指状游离鳍条

吻棘不明显

【别名】绿鳍鱼、小眼绿鳍鱼、棘黑角鱼

【特征】背鳍Ⅸ, 15 ～ 17；臀鳍 15 ～ 16；胸鳍 14；腹鳍 I-5；侧线鳞 130。

【习性】暖温性底层鱼类，栖息于沙泥底质海域。

【分布】主要分布于西北太平洋海域，我国沿海均有分布。

---

66. 日本红娘鱼 *Lepidotrigla japonica* (Bleeker, 1854)

体红色，无斑纹

胸鳍内半侧有一大黑斑，
外半侧有蓝色波纹

【别名】日本鳞角鱼、角鱼、蜻蜓角、长翅角、玉角、包鲥

【特征】背鳍Ⅷ～Ⅸ, 14 ～ 15；臀鳍 13 ～ 14；胸鳍 14；腹鳍 I-5；侧线鳞 58 ～ 60。

【习性】暖水性底层鱼类，栖息于沙泥底质海域。

【分布】主要分布于西太平洋海域，我国主要分布于东海和南海。

67. 丝鳍鲬 *Elates ransonnettii* (Steindachner, 1876)

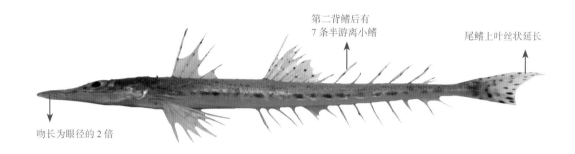

第二背鳍后有
7 条半游离小鳍

尾鳍上叶丝状延长

吻长为眼径的 2 倍

【别名】丝鳍牛尾鱼、甲头鱼

【特征】背鳍Ⅵ, 12 ～ 14；臀鳍 12 ～ 14。

【习性】暖水性底层鱼类。

【分布】主要分布于印度－西太平洋暖水海域，我国主要分布于东海和南海。

68. 鲬 *Platycephalus indicus* (Linnaeus, 1758)

尾鳍中间黄色，
具 3 ～ 4 条黑色横带

体散布斑点，具 7 条
不明显的褐色横纹

【别名】牛鳅、印度牛尾鱼、甲鱼、担鱼、刺甲、沙甲

【特征】背鳍Ⅱ, Ⅶ, Ⅰ, 13；臀鳍 13；胸鳍 19；腹鳍Ⅰ-5。

【习性】暖水性底层鱼类。

【分布】主要分布于印度－西太平洋海域，我国沿海均有分布。

69. 瘤眶棘鲬 *Sorsogona tuberculata* (Cuvier, 1829)

前 20 枚侧线鳞各具一棱棘

尾鳍有 4 条横纹

胸鳍、腹鳍各
有 7 条横纹

体侧有 5 条不规则横纹

【别名】粒突鳞鲬、突粒眶棘牛尾鱼、锅铲头鱼、牛鳅

【特征】背鳍 I, IX, I-11；臀鳍 11；胸鳍 20 ～ 21；腹鳍 I-5；侧线鳞 52 ～ 53。

【习性】暖水性底层鱼类。

【分布】主要分布于印度 - 西太平洋暖水海域，我国主要分布于东海和南海。

十九、鲈形目

70. 尖吻鲈 *Lates calcarifer* (Bloch, 1790)

眼褐色至金黄色，
成鱼具淡红色虹彩

上颌骨远
超眼后缘

前鳃盖骨
下缘有棘

体灰色，腹部色浅

【别名】金目鲈、盲槽、黑曹、扁红目鲈

【特征】背鳍 VII ～ VIII, I-11；臀鳍 III-8；胸鳍 18；侧线鳞 60 ～ 63；侧线上鳞 7 ～ 8。

【习性】暖水性底层鱼类，栖息于热带、亚热带海域，亦可见于纯淡水水域。

【分布】主要分布于印度 - 西太平洋暖水海域，我国主要分布于东海和南海。

南
海
水
产
品
识
别
原
色
图
谱

71. 中国花鲈 *Lateolabrax maculatus* (McClelland, 1844)

体背上部散布黑色小点

尾柄细长

吻短，下颌骨
较上颌骨突出

【别名】花鲈、鲈鱼、斑鲈、日本真鲈

【特征】背鳍XII～XV, 12～14；臀鳍III-7～9；胸鳍14～18；侧线鳞71～86。

【习性】暖水性底层鱼类，常栖息于浅海及内湾河口处。

【分布】主要分布于西太平洋暖水海域，我国沿海均有分布。

72. 斑点九棘鲈 *Cephalopholis argus* Bloch & Schneider, 1801

体密布蓝色小斑点

体侧有黑褐色横带

【别名】斑点九刺鲪、眼斑鲙

【特征】背鳍IX-15～17；臀鳍III-9；胸鳍16～18；侧线鳞45～51。

【习性】暖水性底层鱼类，栖息于珊瑚礁及岩礁附近海域。

【分布】主要分布于印度-太平洋暖水海域，我国主要分布于东海和南海。

73. 横纹九棘鲈 *Cephalopholis boenak* (Bloch, 1790)

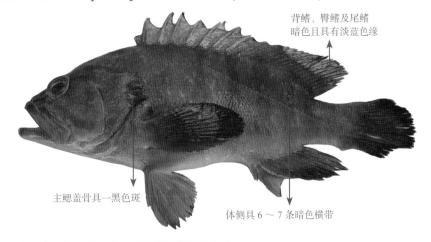

背鳍、臀鳍及尾鳍
暗色且具有淡蓝色缘

主鳃盖骨具一黑色斑

体侧具 6 ～ 7 条暗色横带

【别名】乌丝、石斑、横纹九刺鲐、横带九棘鲈

【特征】背鳍Ⅸ-15 ～ 17；臀鳍Ⅲ-8；胸鳍 15 ～ 17；侧线鳞 46 ～ 51。

【习性】暖水性底层鱼类，栖息于珊瑚礁浅海海域。

【分布】主要分布于印度－西太平洋暖水海域，我国主要分布于东海和南海。

74. 尾纹九棘鲈 *Cephalopholis urodeta* (Forster, 1801)

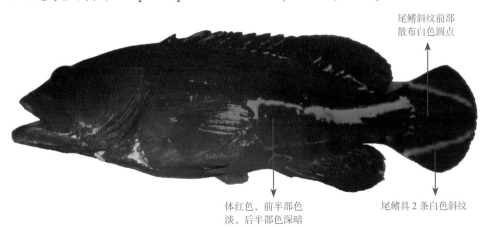

尾鳍斜纹前部
散布白色圆点

体红色，前半部色
淡，后半部色深暗

尾鳍具 2 条白色斜纹

【别名】尾纹九刺鲐、白尾朱鲙

【特征】背鳍Ⅸ-14 ～ 16；臀鳍Ⅲ-8 ～ 9；胸鳍 17 ～ 19；侧线鳞 54 ～ 68。

【习性】暖水性底层鱼类，栖息于珊瑚礁浅海海域。

【分布】主要分布于印度－太平洋暖水海域，我国主要分布于南海。

十
九
、
鲈
形
目

75. 赤点石斑鱼 *Epinephelus akaara* (Temminck & Schlegel, 1842)

背鳍基底仅有 1 个黑斑

体侧具 6 条不明显的暗横带

体侧与各鳍散布橙红色圆点

【别名】红斑、石斑、花斑

【特征】背鳍Ⅺ-15 ～ 17；臀鳍Ⅲ-8 ～ 9；胸鳍 17 ～ 19；侧线鳞 50 ～ 54。

【习性】暖水性底层鱼类，栖息于珊瑚礁或沿岸岩礁海域。

【分布】主要分布于西太平洋暖水海域，我国主要分布于东海和南海。

76. 宝石石斑鱼 *Epinephelus areolatus* (Forsskål, 1775)

尾鳍末端具白缘

体侧具多角形褐色大斑

【别名】白尾芝麻斑、石斑

【特征】背鳍Ⅺ-15 ～ 17；臀鳍Ⅲ-7 ～ 8；胸鳍 17 ～ 19；侧线鳞 49 ～ 53。

【习性】暖水性底层鱼类，栖息于珊瑚礁或沿岸岩礁海域。

【分布】主要分布于印度 - 太平洋暖水海域，我国主要分布于东海和南海。

77. 青石斑鱼 *Epinephelus awoara* (Temminck & Schlegel, 1842)

体侧第 3 和第 4 横带间隔较宽

背鳍与尾鳍边缘黄色

体散布黄色小点

【别名】黄丁、黄斑、石斑、青斑、青鳍、泥斑、青石过、黄口轮

【特征】背鳍Ⅺ-15 ～ 16；臀鳍Ⅲ-8 ～ 9；胸鳍 17 ～ 19；侧线鳞 49 ～ 55。

【习性】暖水性底层鱼类，栖息于岩礁海域。

【分布】主要分布于西北太平洋暖水海域，我国主要分布于黄海、东海和南海。

78. 布氏石斑鱼 *Epinephelus bleekeri* (Vaillant, 1878)

尾鳍上叶有斑点，
下叶暗色无斑

体侧具有橘红色斑点

【别名】橙点石斑鱼、红斑、芝麻斑

【特征】背鳍Ⅺ-17；臀鳍Ⅲ-8；胸鳍 19 ～ 20。

【习性】暖水性底层鱼类，栖息于深水岩礁海域。

【分布】主要分布于印度 - 西太平洋暖水海域，我国主要分布于东海和南海。

十九、鲈形目

79. 褐带石斑鱼 *Epinephelus bruneus* Bloch, 1793

体侧有 6 ～ 7 条斜列暗色横带

前鳃盖骨隅角有 3 ～ 4 枚粗大的棘

【别名】云纹石斑鱼、双牙仔、油斑、石斑

【特征】背鳍Ⅺ-13 ～ 15；臀鳍Ⅲ-8 ～ 9；胸鳍 17 ～ 19；侧线鳞 64 ～ 72。

【习性】暖水性底层鱼类，栖息于近岸岩礁海域。

【分布】主要分布于西北太平洋暖水海域，我国主要分布于黄海、东海和南海。

80. 蓝鳍石斑鱼 *Epinephelus cyanopodus* (Richardson, 1846)

体蓝灰色，密布小黑点或不规则较大黑斑

幼鱼尾鳍后缘有宽黑带

【别名】细点石斑鱼、高体石斑鱼

【特征】背鳍Ⅺ-15 ～ 17；臀鳍Ⅲ-8；胸鳍 17 ～ 20；侧线鳞 63 ～ 75。

【习性】暖水性底层鱼类，栖息于珊瑚礁浅海海域。

【分布】主要分布于西太平洋海域，我国主要分布于东海和南海。

81. 小纹石斑鱼 *Epinephelus epistictus* (Temminck & Schlegel, 1842)

奇鳍散布黑色小点

体侧具 3 纵列黑点

【别名】小点石斑鱼、黑点斑、石斑

【特征】背鳍XI-13 ～ 15；臀鳍Ⅲ-7 ～ 8；胸鳍 16 ～ 19；侧线鳞 55 ～ 71。

【习性】暖水性底层鱼类，栖息于岩礁和沙泥底质海域。

【分布】主要分布于印度－西太平洋暖水海域，我国主要分布于东海和南海。

82. 棕点石斑鱼 *Epinephelus fuscoguttatus* (Forsskål, 1775)

头部、体侧及各鳍散布许多小暗褐色斑点

尾柄有鞍斑

体侧具不规则斑纹

【别名】老虎斑、石斑、褐点石斑鱼

【特征】背鳍XI-13 ～ 15；臀鳍Ⅲ-8；胸鳍 18 ～ 20；侧线鳞 52 ～ 60。

【习性】暖水性底层鱼类，栖息于珊瑚礁浅海海域。

【分布】主要分布于印度－太平洋暖水海域，我国主要分布于东海和南海。

十九、鲈形目

83. 宽带石斑鱼 *Epinephelus latifasciatus* (Temminck & Schlegel, 1842)

背鳍和尾鳍具
黑点与线纹

体侧具 2 条镶黑
边的白色斜带

【别名】纵带石斑、疏箩斑、石斑

【特征】背鳍XI-12～14；臀鳍III-7～8；胸鳍 17～19；侧线鳞 55～66。

【习性】暖水性底层鱼类，栖息于沿岸岩礁和沙泥底质海域。

【分布】主要分布于印度－西太平洋暖水海域，我国主要分布于东海和南海。

84. 玛拉巴石斑鱼 *Epinephelus malabaricus* (Bloch & Schneider, 1801)

体密布比瞳孔略小的斑点

体具 5 条稍斜的暗色
横带，近腹侧分叉

【别名】点带石斑、花鬼斑、石斑

【特征】背鳍XI-14～16；臀鳍III-8；胸鳍 18～20；侧线鳞 54～64。

【习性】暖水性底层鱼类，栖息于内湾浅水岩礁海域。

【分布】主要分布于印度－太平洋暖水海域，我国主要分布于东海和南海。

85. 六带石斑鱼 *Epinephelus sexfasciatus* (Valenciennes, 1828)

尾鳍、背鳍、臀鳍
具不规则棕色斑点

体侧有 6 条褐色横
带，带宽大于间隙

【别名】泥斑、花尾石斑

【特征】背鳍XI-14 ～ 16；臀鳍Ⅲ-8；胸鳍 17；侧线鳞 72 ～ 77。

【习性】暖水性底层鱼类，栖息于近岸沙砾底质海域。

【分布】主要分布于西太平洋暖水海域，我国主要分布于南海。

86. 南海石斑鱼 *Epinephelus stictus* (Randall & Allen, 1987)

体背侧散布黑色小点

体侧有 5 ～ 6 条倾斜的横带

横带中部颜色较深，呈四角形斑块状

【别名】双棘石斑、石斑

【特征】背鳍XI-16；臀鳍Ⅲ-8；胸鳍 18 ～ 19。

【习性】暖水性底层鱼类，栖息于沿岸岩礁海域。

【分布】主要分布于印度－西太平洋暖水海域，我国主要分布于东海和南海。

87. 三斑石斑鱼 *Epinephelus trimaculatus* (Valenciennes, 1828)

背缘有 3 个黑色鞍状斑

体密布红褐色瞳孔大小斑点，中心部位较暗，周边模糊

【别名】鮭点石斑鱼、长棘石斑鱼

【特征】背鳍XI-15 ~ 17；臀鳍III-8；胸鳍 16 ~ 18；侧线鳞 47 ~ 52。

【习性】暖水性底层鱼类，栖息于沿岸岩礁海域。

【分布】主要分布于印度－西太平洋暖水海域，我国主要分布于东海和南海。

88. 六带线纹鱼 *Grammistes sexlineatus* (Thunberg, 1792)

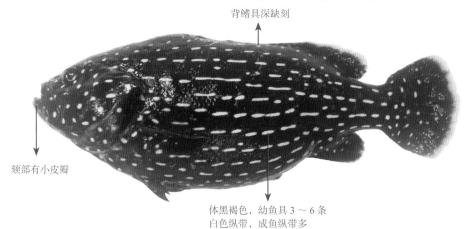

背鳍具深缺刻

颏部有小皮瓣

体黑褐色，幼鱼具 3 ~ 6 条白色纵带，成鱼纵带多

【别名】六线黑鲈、线纹鱼、包公

【特征】背鳍VII, 12 ~ 14；臀鳍II-9；胸鳍 16 ~ 18；侧线鳞 82 ~ 88。

【习性】暖水性底层鱼类，栖息于岩礁或珊瑚礁浅海海域。

【分布】主要分布于印度－太平洋暖水海域，我国主要分布于东海和南海。

89. 豹纹鳃棘鲈 *Plectropomus leopardus* (Lacepède, 1802)

尾鳍内凹，无白边

体鲜红或绿褐色，遍布比瞳孔小的蓝色斑点

【别名】花斑刺鳃鲐、鳃棘鲈、花斑刺鳃鲈、东星斑、星斑、红条、红鲉

【特征】背鳍Ⅶ-11；臀鳍Ⅲ-8；胸鳍14～17；侧线鳞81～99。

【习性】暖水性底层鱼类，栖息于珊瑚礁外缘海域。

【分布】主要分布于西太平洋暖水海域，我国主要分布于东海和南海。

90. 鸢鮨 *Triso dermopterus* (Temminck & Schlegel, 1842)

眼间隔隆起，
宽于眼径

体紫褐色，
无斑纹

各鳍黑色

【别名】细鳞三棱鲈、黑瓜子斑、石斑

【特征】背鳍Ⅺ-18～21；臀鳍Ⅲ-9～10；胸鳍18～20；侧线鳞67～77。

【习性】暖水性底层鱼类，栖息于岩礁海域。

【分布】主要分布于西太平洋暖水海域，我国主要分布于东海和南海。

十
九
、
鲈
形
目

91. 白边侧牙鲈 *Variola albimarginata* Baissac, 1953

体深红色，具白点

臀鳍中部鳍条
达尾鳍基部

尾鳍后缘具
窄的白边

【别名】白缘星鲙、燕星斑

【特征】背鳍Ⅸ-14；臀鳍Ⅲ-8；胸鳍 17～19；侧线鳞 66～75。

【习性】暖水性底层鱼类，栖息于珊瑚礁外缘海域。

【分布】主要分布于印度－太平洋暖水海域，我国主要分布于东海和南海。

92. 短尾大眼鲷 *Priacanthus macracanthus* Cuvier, 1829

尾鳍后缘内凹

臀鳍、背鳍、腹鳍均具黄色斑点

【别名】大眼鸡、大眼鲷、大眼圈、红目连、火点、大棘大眼鲷、齐尾木棉

【特征】背鳍Ⅹ-13～14；臀鳍Ⅲ-14～15；侧线鳞 66～83。

【习性】暖水性底层鱼类，栖息于沙泥底质海域。

【分布】主要分布于印度－太平洋暖水海域，我国主要分布于黄海、东海和南海。

93. 长尾大眼鲷 *Priacanthus tayenus* Richardson, 1846

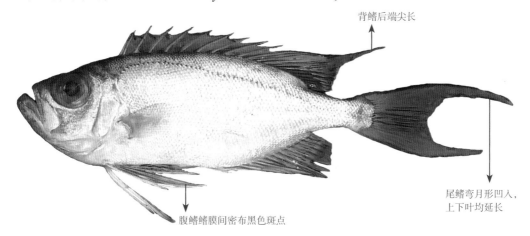

背鳍后端尖长

尾鳍弯月形凹入，
上下叶均延长

腹鳍鳍膜间密布黑色斑点

【别名】曳丝大眼鲷、红目连、大眼鸡、大眼圈、长尾木棉、木棉

【特征】背鳍X-12 ～ 13；臀鳍Ⅲ-12 ～ 14；胸鳍15；侧线鳞58 ～ 59。

【习性】暖水性底层鱼类，主要栖息于沙泥底质海域，喜群集。

【分布】主要分布于印度 - 西太平洋暖水海域，我国主要分布于东海和南海。

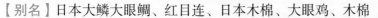

94. 日本锯大眼鲷 *Pristigenys niphonia* (Cuvier, 1829)

体鲜红色，有 4 条横纹

腹鳍、背鳍、臀鳍
和尾鳍均有黑缘

【别名】日本大鳞大眼鲷、红目连、日本木棉、大眼鸡、木棉

【特征】背鳍X-10 ～ 11；臀鳍Ⅲ-9 ～ 10；侧线鳞30 ～ 36。

【习性】暖水性底层鱼类，栖息于沙泥底质海域。

【分布】主要分布于印度 - 西太平洋暖水海域，我国主要分布于东海和南海。

十九、鲈形目

95. 侧带天竺鲷 *Apogon pleuron* Fraser, 2005

体侧有 2 条棕黑色纵带

第二背鳍和臀
鳍具红色纵带

第二纵带下方有 6 条以上短粗横带

【别名】侧带鹦天竺鲷、大面侧仔、疏箩

【特征】背鳍Ⅶ，I-9；臀鳍Ⅱ-8；胸鳍15；侧线鳞24～25。

【习性】暖水性中下层鱼类，栖息于近岸浅水海域。

【分布】主要分布于印度－西太平洋海域，我国主要分布于东海和南海。

96. 半线天竺鲷 *Apogon semilineatus* Temminck & Schlegel, 1842

体侧纵带仅限于头部和身体前部

下颌前端不呈黑色

尾柄上有 1 个小于瞳孔的黑色圆斑

【别名】红疏箩、大面侧仔

【特征】背鳍Ⅶ，I-9；臀鳍Ⅱ-8；胸鳍14；侧线鳞25。

【习性】暖水性中下层鱼类，主要栖息于岩礁或碎石海域。

【分布】主要分布于西太平洋暖水海域，我国主要分布于东海和南海。

97. 黑似天竺鱼 *Apogonichthyoides niger* (Döderlein, 1883)

尾鳍透明无色

臀鳍、背鳍、胸
鳍、腹鳍黑色

腹鳍达臀鳍起点

【别名】黑天竺鲷、疏箩、印度疏箩、大眼仔
【特征】背鳍Ⅶ，I-9；臀鳍Ⅱ-8；胸鳍13；侧线鳞24～26。
【习性】暖水性中下层鱼类，主要栖息于岩礁或碎石海域。
【分布】主要分布于西太平洋暖水海域，我国主要分布于东海和南海。

98. 少鳞鱚 *Sillago japonica* Temminck & Schlegel, 1843

侧线上鳞3～4行

体侧具淡黄色光泽

尾鳍下缘有黑色

【别名】沙钻、沙锥、日本沙鮻
【特征】背鳍Ⅹ～Ⅺ，I-21～23；臀鳍Ⅱ-21～24；胸鳍15～17；侧线鳞70～73。
【习性】暖水性底层鱼类，栖息于沙底质海域。
【分布】主要分布于西北太平洋区，我国沿海均有分布。

99. 斑鱚 *Sillago maculata* Quoy & Gaimard, 1824

第一背鳍尖端褐色

侧线上鳞 5 ～ 6 行

体侧有 2 列不规则褐色斑纹

【别名】杂色鱚、星沙鱚、花沙钻、船钉鱼、沙钻、沙锥

【特征】背鳍XI，I-18 ～ 20；臀鳍II-17 ～ 19；胸鳍 15 ～ 17；侧线鳞 67 ～ 72。

【习性】暖水性底层鱼类，栖息于沙泥底质浅海海域。

【分布】主要分布于西太平洋海域，我国主要分布于东海和南海。

100. 多鳞鱚 *Sillago sihama* (Forsskål, 1775)

侧线上鳞 5 ～ 6 行

腹侧灰黄色，腹部近白色

【别名】大头沙钻、沙钻、沙锥

【特征】背鳍XI，I-20 ～ 23；臀鳍II-21 ～ 23；胸鳍 14 ～ 16；侧线鳞 68 ～ 72。

【习性】暖水性底层鱼类，栖息于沙底质海域。

【分布】主要分布于印度 - 西太平洋海域，我国主要分布于东海和南海。

101. 白方头鱼 *Branchiostegus albus* Dooley, 1978

背鳍鳍膜间无斑点

尾鳍上缘有白边

尾鳍有黄色横带

【别名】白马头鱼、马方、方头鱼

【特征】背鳍Ⅶ-15 ～ 16；臀鳍Ⅱ-12；胸鳍 18 ～ 19；侧线鳞 48 ～ 51。

【习性】暖水性底层鱼类，栖息于沙泥底质海域。

【分布】主要分布于西太平洋暖温水海域，我国主要分布于东海和南海。

102. 银方头鱼 *Branchiostegus argentatus* (Cuvier, 1830)

背鳍鳍膜间有 1 列规则的黑色圆斑

眼前有 2 条
平行银色条带

尾鳍具多条
黄色纵带

【别名】斑鳍马头鱼、马头鱼、青根

【特征】背鳍Ⅶ-15；臀鳍Ⅱ-12；胸鳍 17 ～ 19；侧线鳞 47 ～ 53。

【习性】暖水性底层鱼类，栖息于沙泥底质海域。

【分布】主要分布于西太平洋暖水海域，我国主要分布于东海和南海。

十九、鲈形目

103. 日本方头鱼 *Branchiostegus japonicus* (Houttuyn, 1782)

眼后缘有一白色三角斑

尾鳍有 5 ～ 6 条黄色纵带

【别名】马头鱼、方头鱼、红尾

【特征】背鳍Ⅶ-15；臀鳍Ⅱ-12；胸鳍 17 ～ 18；侧线鳞 46 ～ 53。

【习性】暖水性底层鱼类，栖息于沙泥底质海域。

【分布】主要分布于西北太平洋暖水海域，我国主要分布于黄海、东海和南海。

104. 鲯鳅 *Coryphaena hippurus* Linnaeus, 1758

成鱼头部几呈方形

体背缘和腹缘直线状

成鱼眼较小

体侧散布黑色小点

【别名】万鱼、飞乌虎、鬼头刀

【特征】背鳍 55 ～ 67；臀鳍 25 ～ 30；胸鳍 17 ～ 20；腹鳍 I-5。

【习性】大洋性洄游鱼类，一般栖息于表层，喜生活于阴影下。

【分布】主要分布于太平洋、印度洋、大西洋暖水海域，我国沿海均有分布。

105. 军曹鱼 *Rachycentron canadum* (Linnaeus, 1766)

背鳍前具 6～9 枚分离的硬棘

体侧具 2 条银色纵带

侧线呈波状

【别名】海干草、海兰鱼、浪头温、云方头温、海鲕、曹仔

【特征】背鳍Ⅵ～Ⅸ，I-28～36；臀鳍Ⅱ～Ⅲ-20～28；胸鳍18～22；腹鳍I-5。

【习性】暖水性中上层鱼类。

【分布】主要分布于太平洋、印度洋、大西洋温热水海域，我国主要分布于黄海、东海和南海。

---

106. 鮣 *Echeneis naucrates* Linnaeus, 1758

体侧有 1 条暗色纵带

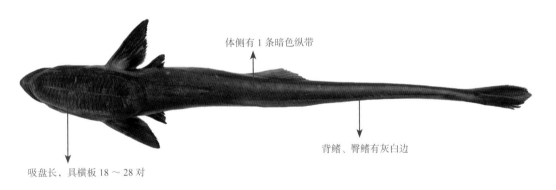

背鳍、臀鳍有灰白边

吸盘长，具横板 18～28 对

【别名】吸盘鱼、船底鱼、鮣鱼、柴鱼

【特征】背鳍32～42；臀鳍31～41；胸鳍22～23。

【习性】暖水性大洋鱼类，吸附于大型鱼类或船只游移。

【分布】主要分布于太平洋、印度洋、大西洋暖水海域，我国主要分布于黄海、东海和南海。

107. 沟鲹 *Atropus atropos* (Bloch & Schneider, 1801)

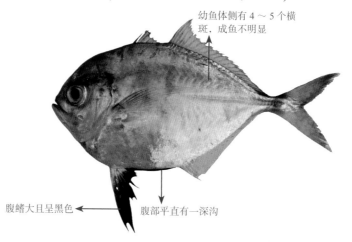

幼鱼体侧有 4～5 个横斑，成鱼不明显

腹鳍大且呈黑色 ◄— 腹部平直有一深沟

【别名】古斑、鼓板、甲鱼、黑皮鲳、鳓鱼

【特征】背鳍Ⅷ，I-19～22；臀鳍Ⅱ，I-17～18；胸鳍 19～20；腹鳍 I-5。

【习性】暖水性中上层鱼类，栖息于近岸海域。

【分布】主要分布于印度 - 西太平洋暖水海域，我国沿海均有分布。

108. 游鳍叶鲹 *Atule mate* (Cuvier, 1833)

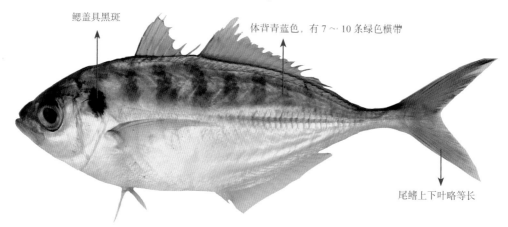

鳃盖具黑斑

体背青蓝色，有 7～10 条绿色横带

尾鳍上下叶略等长

【别名】巴浪鱼、黄尾、鳓鱼

【特征】背鳍Ⅷ，I-22～25；臀鳍Ⅱ，I-18～21；棱鳞 36～49。

【习性】暖水性中上层鱼类。

【分布】主要分布于印度 - 太平洋暖水海域，我国主要分布于黄海、东海和南海。

109. 高体若鲹 *Carangoides equula* (Temminck & Schlegel, 1844)

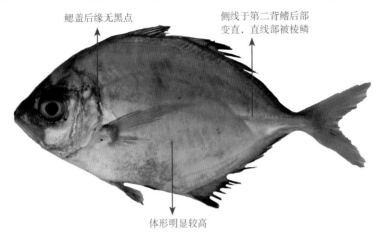

鳃盖后缘无黑点

侧线于第二背鳍后部
变直，直线部被棱鳞

体形明显较高

【别名】高体鲹、等若鲹、冬瓜盅、鲣鱼

【特征】背鳍Ⅷ，I-23～25；臀鳍Ⅱ，I-21～24；棱鳞22～32。

【习性】暖水性中上层鱼类。

【分布】主要分布于印度－太平洋暖水海域，我国主要分布于东海和南海。

110. 马拉巴若鲹 *Carangoides malabaricus* (Bloch & Schneider, 1801)

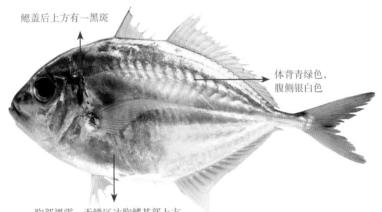

鳃盖后上方有一黑斑

体背青绿色，
腹侧银白色

胸部裸露，无鳞区达胸鳍基部上方

【别名】马拉巴裸胸鲹、花鲣、鲣鱼

【特征】背鳍Ⅷ，I-20～23；臀鳍Ⅱ，I-17～19；棱鳞19～36。

【习性】暖水性中上层鱼类，栖息于沿海内湾。

【分布】主要分布于印度－西太平洋暖水海域，我国主要分布于东海和南海。

十
九
、
鲈
形
目

111. 阔步鲹 *Caranx lugubris* Poey, 1860

头背缘于眼前急剧下降，并有浅凹

背鳍、臀鳍长镰刀形

侧线直线部棱鳞黑色

【别名】黑体鲹、洞步叶鲹、暗鲹

【特征】背鳍Ⅷ, I-20 ～ 22；臀鳍Ⅱ, I-16 ～ 19；棱鳞 26 ～ 33。

【习性】暖水性中上层鱼类，属大洋性种类。

【分布】主要分布于世界热带亚热带海域，我国主要分布于东海和南海。

112. 泰勒鲹 *Caranx tille* Cuvier, 1833

成鱼体侧布满小黑点

侧线直线部始于第 5 ～ 6 背鳍下方

【别名】红目瓜仔、鳁鱼

【特征】背鳍Ⅷ, I-22 ～ 23；臀鳍Ⅱ, I-16 ～ 19；棱鳞 31 ～ 39。

【习性】暖水性中上层鱼类，栖息于沿岸内湾或珊瑚礁海域。

【分布】主要分布于印度 - 太平洋暖水海域，我国主要分布于东海和南海。

113. 红背圆鲹 *Decapterus maruadsi* (Temminck & Schlegel, 1843)

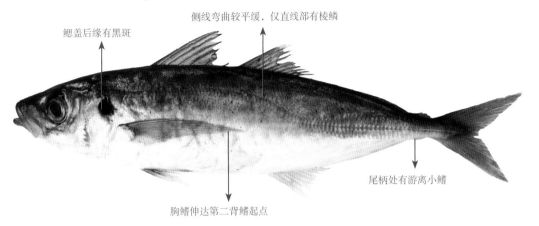

鳃盖后缘有黑斑

侧线弯曲较平缓，仅直线部有棱鳞

尾柄处有游离小鳍

胸鳍伸达第二背鳍起点

【别名】蓝圆鲹、巴浪、池鱼、棍子、竹景

【特征】背鳍Ⅷ，I-30 ～ 36+1；臀鳍Ⅱ，I-25 ～ 30+1；棱鳞 30 ～ 37。

【习性】暖水性中上层鱼类，栖息于沿岸内湾。

【分布】主要分布于印度 - 西太平洋暖水海域，我国主要分布于黄海、东海和南海。

114. 纺锤鰤 *Elagatis bipinnulata* (Quoy & Gaimard, 1825)

背鳍、臀鳍后方各具一离鳍

体侧有 2 条蓝色纵带

【别名】双带鲹、瓜仔鱼

【特征】背鳍Ⅴ～Ⅵ, I-23 ～ 28+2；臀鳍（Ⅰ），I-15 ～ 20+2。

【习性】暖水性中上层鱼类。

【分布】主要分布于太平洋、印度洋、大西洋温热带海域，我国主要分布于东海和南海。

十九、鲈形目

115. 大甲鲹 *Megalaspis cordyla* (Linnaeus, 1758)

侧线前部弯曲，在第一背鳍下方转为直线

鳃盖上部有一黑斑

大型的棱鳞

【别名】铁甲、铁甲池、甲鲦、虾鲦

【特征】背鳍Ⅷ，I-9～11+7～10；臀鳍Ⅱ，I-8～10+6～8；棱鳞51～56。

【习性】暖水性中上层鱼类，具群游性。

【分布】主要分布于印度－西太平洋暖水海域，我国主要分布于东海和南海。

116. 舟鰤 *Naucrates ductor* (Linnaeus, 1758)

体侧有6～7条黑色横带

尾鳍末端白色

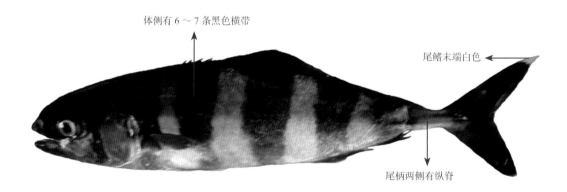

尾柄两侧有纵脊

【别名】黑带鲹、领航鱼、黑带鰤

【特征】背鳍Ⅳ～Ⅵ，I-25～29；臀鳍Ⅱ，I-15～17。

【习性】暖水性中上层鱼类。

【分布】主要分布于热带、亚热带海域，我国主要分布于东海和南海。

117. 乌鲳 *Parastromateus niger* (Bloch, 1795)

尾柄处有隆起脊

成鱼腹鳍消失

【别名】乌鲳、黑鲳、三角鲳、黑鳒、鳒鱼

【特征】背鳍Ⅳ, I-40～45；臀鳍Ⅱ, I-35～39；棱鳞8～19。

【习性】通常于白天游动于底层，晚上在表层休息，栖息于沙泥底质海域。

【分布】主要分布于印度－西太平洋暖水海域，我国主要分布于黄海、东海和南海。

118. 康氏似鲹 *Scomberoides commersonnianus* Lacepède, 1801

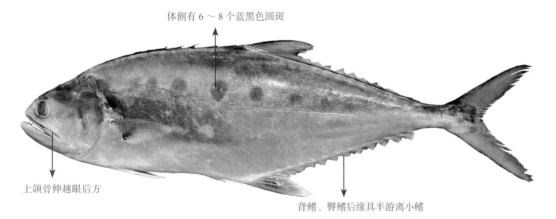

体侧有6～8个蓝黑色圆斑

上颌骨伸越眼后方

背鳍、臀鳍后缘具半游离小鳍

【别名】大口逆钩鲹、拟鲭

【特征】背鳍Ⅵ～Ⅶ, I-20；臀鳍Ⅱ, I-18～19。

【习性】暖水性近海中上层鱼类。

【分布】主要分布于印度－西太平洋暖水海域，我国主要分布于东海和南海。

十九、鲈形目

059

119. 革似鲹 *Scomberoides tol* (Cuvier, 1832)

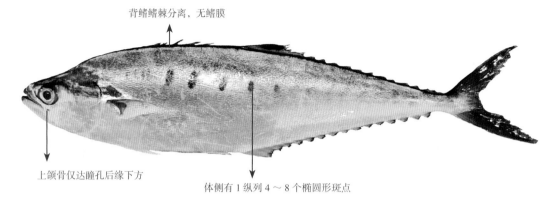

背鳍鳍棘分离，无鳍膜

上颌骨仅达瞳孔后缘下方

体侧有 1 纵列 4 ～ 8 个椭圆形斑点

【别名】针鳞鲹鲹、托尔逆钩鲹、台湾鲹鲹

【特征】背鳍Ⅵ～Ⅶ，I-19 ～ 21；臀鳍Ⅱ，I-17 ～ 20。

【习性】暖水性中上层鱼类。

【分布】主要分布于印度 - 西太平洋暖水海域，我国主要分布于东海和南海。

120. 金带细鲹 *Selaroides leptolepis* (Cuvier, 1833)

体侧有金黄色宽纵带

鳃盖后上角有一大黑斑

侧线直线部有弱棱鳞

【别名】木叶鲹、细鲹、金边鳓

【特征】背鳍Ⅷ，I-24 ～ 26；臀鳍Ⅱ，I-20 ～ 23；棱鳞 20 ～ 33。

【习性】暖水性中下层鱼类，栖息于沿岸沙泥底质海域。

【分布】主要分布于印度 - 西太平洋暖水海域，我国主要分布于东海和南海。

121. 杜氏鰤 *Seriola dumerili* (Risso, 1810)

体背紫褐色，腹部淡灰色

体侧中间有 1 条不明显的淡黄色纵带

【别名】高体鰤、红甘鲹、章雄、金边、鱥鱼

【特征】背鳍Ⅵ～Ⅶ，I-29 ～ 36；臀鳍Ⅱ，I-18 ～ 22。

【习性】暖水性中上层鱼类，栖息于岩礁海域。

【分布】主要分布于热带、亚热带海域，我国主要分布于黄海、东海和南海。

122. 黑纹小条鰤 *Seriolina nigrofasciata* (Rüppell, 1829)

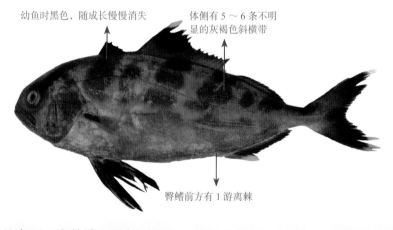

幼鱼时黑色，随成长慢慢消失

体侧有 5 ～ 6 条不明显的灰褐色斜横带

臀鳍前方有 1 游离棘

【别名】黑纹条鰤、小甘鲹、鱥鱼

【特征】背鳍Ⅵ～Ⅶ，I-30 ～ 37；臀鳍（Ⅰ），I-15 ～ 18。

【习性】暖水性中上层鱼类。

【分布】主要分布于印度－西太平洋暖水海域，我国主要分布于东海和南海。

十九、鲈形目

061

123. 卵形鲳鲹 *Trachinotus ovatus* (Linnaeus, 1758)

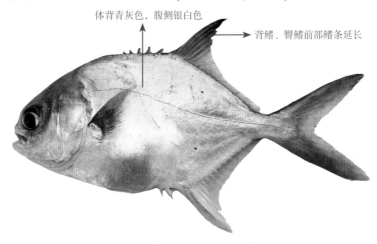

体背青灰色，腹侧银白色

背鳍、臀鳍前部鳍条延长

【别名】金鲳、狮鼻鲳鲹、布氏鲳鲹、黄腊鲳

【特征】背鳍Ⅵ，I-18 ～ 20；臀鳍Ⅱ，I-16 ～ 18。

【习性】暖水性中上层鱼类，栖息于沿岸浅水域。

【分布】主要分布于印度－太平洋海域，非洲西部沿海，我国主要分布于东海和南海。

124. 日本竹荚鱼 *Trachurus japonicus* (Temminck & Schlegel, 1844)

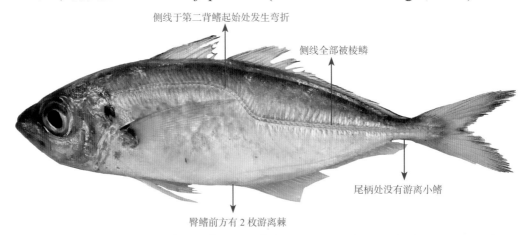

侧线于第二背鳍起始处发生弯折

侧线全部被棱鳞

臀鳍前方有 2 枚游离棘

尾柄处没有游离小鳍

【别名】银竹荚鱼、银竹荚鱼、鲹鱼

【特征】背鳍Ⅷ，I-30 ～ 35；臀鳍Ⅱ，I-26 ～ 30；棱鳞 69 ～ 73。

【习性】中上层洄游鱼类。

【分布】主要分布于西北太平洋温暖水域，我国沿海均有分布。

125. 眼镜鱼 *Mene maculata* (Bloch & Schneider, 1801)

侧线不完全

体背青色，散布
2～3列青蓝色斑点

【别名】眼眶鱼、猪刀、刀鲳鱼、菜刀鱼、宰猪刀

【特征】背鳍Ⅲ～Ⅳ-40～45；臀鳍30～33；胸鳍15；腹鳍Ⅰ-5。

【习性】暖水性中上层鱼类，栖息于沿岸浅水域。

【分布】主要分布于印度－太平洋暖水海域，我国主要分布于东海和南海。

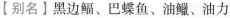

126. 黑边布氏鲾 *Eubleekeria splendens* (Cuvier, 1829)

体背灰褐色，不规则
横纹伸达侧线下方

背鳍鳍棘黄色，具一黑斑

臀鳍第二棘粗壮

【别名】黑边鲾、巴蝶鱼、油鲣、油力

【特征】背鳍Ⅷ-16；臀鳍Ⅲ-14；胸鳍17～18。

【习性】暖水性沿岸鱼类，栖息于浅海内湾及河口水域。

【分布】主要分布于印度－西太平洋暖水海域，我国主要分布于东海和南海。

十九、鲈形目

127. 小牙鲾 *Gazza minuta* (Bloch, 1795)

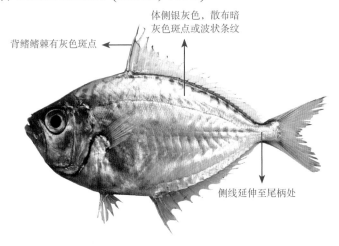

背鳍鳍棘有灰色斑点

体侧银灰色，散布暗灰色斑点或波状条纹

侧线延伸至尾柄处

【别名】油鲾、油力

【特征】背鳍Ⅷ-16；臀鳍Ⅲ-14；胸鳍 17 ～ 18。

【习性】暖水性沿岸鱼类，栖息于河口、内湾及近岸沙泥底质浅水域。

【分布】主要分布于印度－太平洋暖水海域，我国主要分布于东海和南海。

128. 细纹鲾 *Leiognathus berbis* (Valenciennes, 1835)

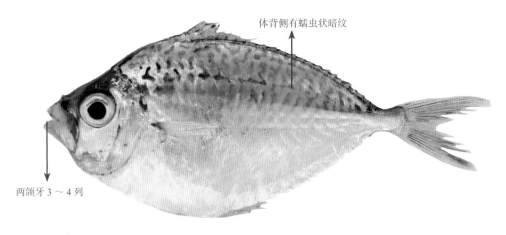

体背侧有蠕虫状暗纹

两颌牙 3 ～ 4 列

【别名】椭圆鲾、巴蝶鱼、油鲾、油力、叶仔鱼、铜窝盘

【特征】背鳍Ⅷ-16；臀鳍Ⅲ-14；胸鳍 17 ～ 18。

【习性】暖水性沿岸鱼类，具群游性。

【分布】主要分布于印度－太平洋暖水海域，我国主要分布于东海和南海。

129. 短棘鲾 *Leiognathus equulus* (Forsskål, 1775)

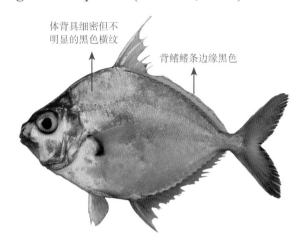

体背具细密但不明显的黑色横纹

背鳍鳍条边缘黑色

【别名】大三角立、巴蝶鱼、狗腰、白油鲳、油力

【特征】背鳍Ⅷ-16；臀鳍Ⅲ-14。

【习性】暖水性沿岸鱼类，栖息于河口、内湾、红树林湿地及近岸沙泥底质浅水域。

【分布】主要分布于印度－西太平洋暖水海域，我国主要分布于东海和南海。

130. 圈项鲾 *Nuchequula mannusella* Chakrabarty & Sparks, 2007

项背具黑色鞍斑

体背具不规则虫纹或横条纹

胸鳍下方至腹部具一金黄色斑

【别名】小鞍斑鲾、油鲳、油力

【特征】背鳍Ⅷ-16；臀鳍Ⅲ-14；胸鳍18。

【习性】栖息于沙泥底质海域或河口水域，具群游性。

【分布】主要分布于印度－西太平洋海域，我国主要分布于东海和南海。

十九、鲈形目

131. 鹿斑仰口鲾 *Secutor ruconius* (Hamilton, 1822)

体背有 9 ～ 11 条褐色横带

背鳍基底黑色

下颌上斜近垂直

【别名】鹿斑鲾、花鳞、铜窝盘、油鲚、油力

【特征】背鳍Ⅷ-16；臀鳍Ⅲ-14；胸鳍 16 ～ 18。

【习性】栖息于沙泥底质的沿岸海域，具群游性。

【分布】主要分布于印度 - 西太平洋暖水海域，我国主要分布于东海和南海。

132. 日本乌鲂 *Brama japonica* Hilgendorf, 1878

尾鳍上叶略长，
但不及体长的 1/3

第一鳃弓鳃耙数 17 ～ 20

体蓝灰色，带银色光泽

【别名】深海三角仔、黑飞刀、黑皮刀

【特征】背鳍 33 ～ 36；臀鳍 27 ～ 30；胸鳍 21 ～ 23；纵列鳞 65 ～ 75。

【习性】暖水性中上层鱼类，夜间可上浮至表层。

【分布】主要分布于北太平洋亚热带海域，我国主要分布于东海和南海。

133. 蓝短鳍笛鲷 *Aprion virescens* Valenciennes, 1830

背鳍基部有黑斑

眼侧高位，前部有一纵沟

体背青蓝色，腹侧淡青色

【别名】绿短鳍笛鲷、绿短臂鱼

【特征】背鳍X-11；臀鳍Ⅲ-8；胸鳍17～18；侧线鳞48～50。

【习性】暖水性中下层鱼类，栖息于珊瑚礁海域。

【分布】主要分布于印度－太平洋暖水海域，我国主要分布于东海和南海。

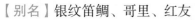

134. 紫红笛鲷 *Lutjanus argentimaculatus* (Forsskål, 1775)

背鳍鳍条下方侧线上鳞斜行

幼鱼颊部有一蓝色纵带

【别名】银纹笛鲷、哥里、红友

【特征】背鳍X-13～14；臀鳍Ⅲ-8；胸鳍17；侧线鳞44～48。

【习性】暖水性中下层鱼类，栖息于岩礁或沙泥底质海域。

【分布】主要分布于印度－西太平洋暖水海域，我国主要分布于东海和南海。

十九、鲈形目

135. 红鳍笛鲷 *Lutjanus erythropterus* Bloch, 1790

尾柄处有一暗色鞍状斑

头部有一经吻端至背
鳍前缘不明显的条带

体轴上半部鳞斜列，下半部鳞与体轴平行

【别名】赤鳍笛鲷、高额笛鲷

【特征】背鳍XI-13；臀鳍III-8；胸鳍 16。

【习性】暖水性中下层鱼类，栖息于沙泥或岩礁海域。

【分布】主要分布于印度－西太平洋暖水海域，我国主要分布于东海和南海。

136. 隆背笛鲷 *Lutjanus gibbus* (Forsskål, 1775)

吻部背缘显著下凹

前鳃盖骨后缘有
锯齿和深缺刻

【别名】驼背笛鲷、红鸡、红鱼、海豚哥

【特征】背鳍X-13 ～ 14；臀鳍III-8；胸鳍 17；侧线鳞 46 ～ 53。

【习性】暖水性中下层鱼类，栖息于岩礁海域。

【分布】主要分布于印度－西太平洋暖水海域，我国主要分布于东海和南海。

137. 四线笛鲷 *Lutjanus kasmira* (Forsskål, 1775)

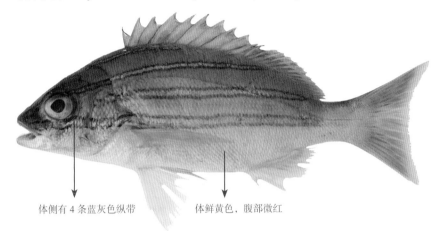

体侧有 4 条蓝灰色纵带   体鲜黄色，腹部微红

【别名】四带笛鲷、条鱼、四线、四间画眉

【特征】背鳍X-14 ～ 15；臀鳍Ⅲ-7 ～ 8；胸鳍 15 ～ 17；侧线鳞 47 ～ 51。

【习性】暖水性中下层鱼类，栖息于珊瑚礁或岩礁海域。

【分布】主要分布于印度 - 太平洋暖水海域，我国主要分布于东海和南海。

138. 正笛鲷 *Lutjanus lutjanus* Bloch, 1790

侧线上鳞斜列

鳃盖骨后缘具 1 个浅凹刻   体侧具多条金黄纵带，最上面一条最宽

【别名】线纹笛鲷、黄笛鲷、画眉

【特征】背鳍X-12；臀鳍Ⅲ-8；胸鳍 16 ～ 17；侧线鳞 47 ～ 49。

【习性】暖水性中下层鱼类，栖息于岩礁或沙泥底质海域。

【分布】主要分布于印度 - 西太平洋暖水海域，我国主要分布于东海和南海。

十九、鲈形目

139. 勒氏笛鲷 *Lutjanus russellii* (Bleeker, 1849)

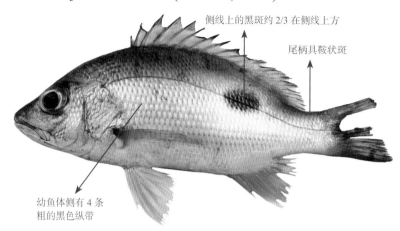

侧线上的黑斑约 2/3 在侧线上方

尾柄具鞍状斑

幼鱼体侧有 4 条
粗的黑色纵带

【别名】黑星笛鲷、火点、海鸡母、黑记、火曹

【特征】背鳍X-14～15；臀鳍Ⅲ-8；胸鳍 16～17；侧线鳞 47～50。

【习性】暖水性中下层鱼类，栖息于近岸岩礁海域。

【分布】主要分布于印度－西太平洋暖水海域，我国主要分布于东海和南海。

140. 千年笛鲷 *Lutjanus sebae* (Cuvier, 1816)

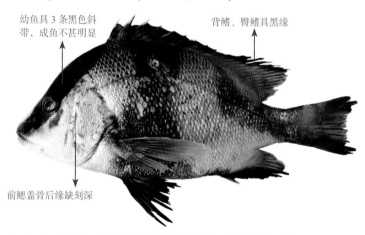

幼鱼具 3 条黑色斜
带，成鱼不甚明显

背鳍、臀鳍具黑缘

前鳃盖骨后缘缺刻深

【别名】川纹笛鲷、打铁婆、白点赤海、千年鲷、红鸡、假三刀

【特征】背鳍X-16；臀鳍Ⅲ-10；胸鳍 17；侧线鳞 46～49。

【习性】暖水性底层鱼类，栖息于珊瑚礁或岩礁海域。

【分布】主要分布于印度－西太平洋暖水海域，我国主要分布于东海和南海。

141. 星点笛鲷 *Lutjanus stellatus* Akazaki, 1983

背鳍鳍条下方有一白斑

幼鱼体侧的暗色横带粗大

【别名】花脸、白点仔、黄翅仔、石蚌
【特征】背鳍Ⅹ-13 ～ 16；臀鳍Ⅲ-8；胸鳍 16 ～ 17；侧线鳞 47 ～ 50。
【习性】暖水性中下层鱼类，栖息于岩礁海域。
【分布】主要分布于西北太平洋暖水海域，我国主要分布于东海和南海。

142. 帆鳍笛鲷 *Symphorichthys spilurus* (Günther, 1874)

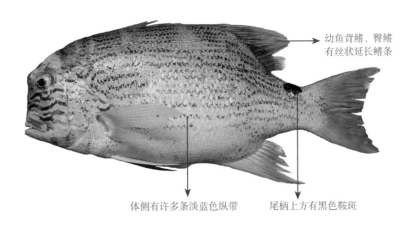

幼鱼背鳍、臀鳍
有丝状延长鳍条

体侧有许多条淡蓝色纵带

尾柄上方有黑色鞍斑

【别名】长鳍笛鲷、驼峰笛鲷
【特征】背鳍Ⅹ-14 ～ 18；臀鳍Ⅲ-8 ～ 11；胸鳍 16；侧线鳞 53 ～ 59。
【习性】暖水性中下层鱼类，栖息于岩礁海域。
【分布】主要分布于西太平洋暖水海域，我国主要分布于东海和南海。

143. 长棘银鲈 *Gerres filamentosus* Cuvier, 1829

背鳍第二鳍棘延长呈丝状

幼鱼体侧有 10 ～ 12 条浅灰色
横纹，成鱼有数列黑色斑点

【别名】曳丝钻嘴鱼、曳丝银鲈、连米、脸米、银米

【特征】背鳍Ⅹ-10；臀鳍Ⅲ-7；胸鳍17；侧线鳞42 ～ 47。

【习性】暖水性近海鱼类，栖息于沙泥底质海域。

【分布】主要分布于印度－太平洋暖水海域，我国主要分布于东海和南海。

144. 日本银鲈 *Gerres japonicus* Bleeker, 1854

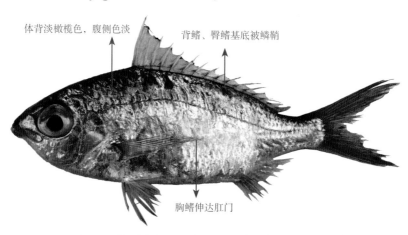

体背淡橄榄色，腹侧色淡

背鳍、臀鳍基底被鳞鞘

胸鳍伸达肛门

【别名】日本十棘银鲈、日本钻嘴鱼、连米、脸米、银米

【特征】背鳍Ⅹ-9 ～ 10；臀鳍Ⅲ-7 ～ 8；胸鳍16 ～ 17；侧线鳞33 ～ 36。

【习性】暖水性中下层鱼类，栖息于沙泥底质海域。

【分布】主要分布于印度－西太平洋暖水海域，我国主要分布于东海和南海。

145. 斑胡椒鲷 *Plectorhinchus chaetodonoides* Lacepède, 1801

唇厚

腹鳍长，末端超过肛门

尾鳍后缘凹入

【别名】厚唇石鲈、打铁婆、燕子花旦、朱古力

【特征】背鳍XI～XII-19～20；臀鳍III-7；胸鳍16～17；侧线鳞55～58。

【习性】暖水性中下层鱼类，栖息于岩礁浅海海域。

【分布】主要分布于印度－西太平洋海域，我国主要分布于东海和南海。

146. 花尾胡椒鲷 *Plectorhinchus cinctus* (Temminck & Schlegel, 1843)

体后背散布黑点（背鳍、尾鳍也有）

体侧有3条黑色斜带

【别名】花软唇石鲷、加吉、假包公、胶钱、拍铁、软唇、花细鳞、细鳞鱼

【特征】背鳍XII-15～17；臀鳍III-7～8；胸鳍17～18；侧线鳞53～57。

【习性】暖温性中下层鱼类，栖息于岩礁海域。

【分布】主要分布于印度－西太平洋暖水海域，我国主要分布于黄海、东海和南海。

十九、鲈形目

147. 黄点胡椒鲷 *Plectorhinchus flavomaculatus* (Cuvier, 1830)

幼鱼体侧有橙色纵带，成鱼体侧有纵行斑点

尾鳍后缘稍凹入

头部有许多橙黄色短条纹

【别名】黄斑胡椒鲷、打铁婆、黄点石鲈、细鳞鱼

【特征】背鳍XII～XIII-21～22；臀鳍III-7；胸鳍 17；侧线鳞 56～59。

【习性】暖水性中下层鱼类，栖息于岩礁浅海海域。

【分布】主要分布于印度－西太平洋暖水海域，我国主要分布于东海和南海。

148. 胡椒鲷 *Plectorhinchus pictus* (Tortonese, 1936)

幼鱼体侧纵纹明显；成鱼圆点散布周身及奇鳍

【别名】胶钱、柏铁、斑加吉、细鳞鱼

【特征】背鳍IX～X-22～23；臀鳍III-7～8；胸鳍 17；侧线鳞 69～72。

【习性】暖水性中下层鱼类，栖息于岩礁和沙底质浅海海域。

【分布】主要分布于印度－西太平洋暖水海域，我国主要分布于东海和南海。

149. 银石鲈 *Pomadasys argenteus* (Forsskål, 1775)

体侧黑点依鳞列呈
多条纵带或斜纹

背鳍鳍条有 2 列点状纵带

颏部小孔 1 对

【别名】银鸡鱼、断斑石鲈

【特征】背鳍Ⅻ-14；臀鳍Ⅲ-7；胸鳍 17；侧线鳞 47 ～ 49。

【习性】暖水性中下层鱼类，栖息于沙泥底质海域。

【分布】主要分布于印度－西太平洋暖水海域，我国主要分布于东海和南海。

150. 大斑石鲈 *Pomadasys maculatus* (Bloch, 1793)

项部有一鞍状
斑，伸越侧线

背鳍鳍棘有一大黑斑

颏部小孔 2 对

体侧多处有黑褐色斑

【别名】石鲈、猴鲈、海猴、头鲈、白鲈

【特征】背鳍Ⅻ-13 ～ 14；臀鳍Ⅲ-7；胸鳍 16 ～ 17；侧线鳞 48 ～ 52。

【习性】暖水性中下层鱼类，栖息于沙泥底质海域。

【分布】主要分布于印度－西太平洋暖水海域，我国主要分布于东海和南海。

151. 深水金线鱼 *Nemipterus bathybius* Snyder, 1911

背鳍具黄色波状纹

尾鳍上叶丝状延长

腹侧具 3 条较粗的鲜黄色纵带

【别名】紫红金线鱼、底金线鱼、红杉鱼、红海鲫、黄肚

【特征】背鳍 X-9；臀鳍 III-7；胸鳍 16；侧线鳞 46～47。

【习性】暖水性底层鱼类，栖息于泥底质海域。

【分布】主要分布于印度－西太平洋海域，我国主要分布于东海和南海。

152. 六齿金线鱼 *Nemipterus hexodon* (Quoy & Gaimard, 1824)

侧线起始处有一血红斑块

尾鳍上叶不延长，后缘黄色

两颌前端具 6 枚犬齿

【别名】虹彩色金线鱼、红杉、金线鲢

【特征】背鳍 X-9；臀鳍 III-7；胸鳍 16～17；侧线鳞 49～51。

【习性】暖水性中下层鱼类，栖息于近岸沙泥底质海域。

【分布】主要分布于西太平洋暖水海域，我国主要分布于东海和南海。

153. 日本金线鱼 *Nemipterus japonicus* (Bloch, 1791)

侧线起始处有一红色椭圆形斑块

尾鳍上叶延长成丝

体侧有 11 ～ 12 条黄色纵线

【别名】红杉、瓜杉、哥鲤、金瓜旦、日本线鳍鲷

【特征】背鳍Ⅹ-9；臀鳍Ⅲ-7；胸鳍 17 ～ 18。

【习性】暖水性底层鱼类，栖息于沙泥底质海域。

【分布】主要分布于印度－太平洋暖水海域，我国主要分布于东海和南海。

154. 裴氏金线鱼 *Nemipterus peronii* (Valenciennes, 1830)

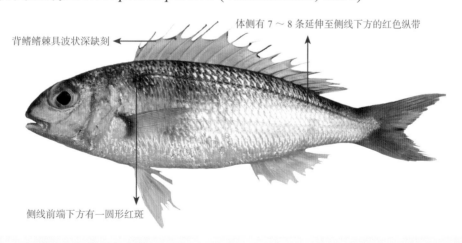

体侧有 7 ～ 8 条延伸至侧线下方的红色纵带

背鳍鳍棘具波状深缺刻

侧线前端下方有一圆形红斑

【别名】波鳍金线鱼、红杉

【特征】背鳍Ⅹ-9；臀鳍Ⅲ-7；胸鳍 16 ～ 18；侧线鳞 47 ～ 50；侧线上鳞 4。

【习性】暖水性底层鱼类，栖息于沙泥底质海域。

【分布】主要分布于印度－西太平洋暖水海域，我国主要分布于东海和南海。

十九、鲈形目

155. 金线鱼 *Nemipterus virgatus* (Houttuyn, 1782)

眼前有1条
金黄色纵带

侧线起点处有红色小点

尾鳍上叶延长成丝状

体侧有6～7条金黄色纵带

臀鳍具2条金黄色纵带

【别名】松原金线鱼、红杉、黄肚、金丝、哥鲤、刀鲤

【特征】背鳍X-9；臀鳍Ⅲ-8；侧线鳞47～48；侧线上鳞3。

【习性】暖温性底层鱼类，栖息于沙泥底质海域。

【分布】主要分布于西北太平洋暖水海域，我国主要分布于黄海、东海和南海。

156. 宽带副眶棘鲈 *Parascolopsis eriomma* (Jordan & Richardson, 1909)

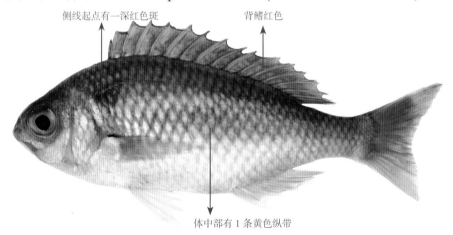

侧线起点有一深红色斑

背鳍红色

体中部有1条黄色纵带

【别名】弱眶棘鲈、红尾拟眶棘鲈

【特征】背鳍X-9；臀鳍Ⅲ-7；胸鳍15～16；侧线鳞36；侧线上鳞3。

【习性】暖水性底层鱼类，栖息于近岸沙泥底质海域。

【分布】主要分布于印度－西太平洋暖水海域，我国主要分布于东海和南海。

157. 横带副眶棘鲈 *Parascolopsis inermis* (Temminck & Schlegel, 1843)

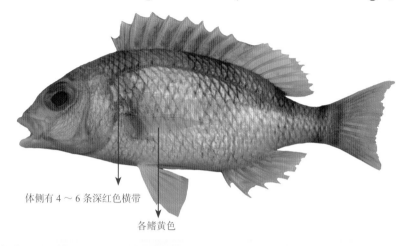

体侧有 4～6 条深红色横带

各鳍黄色

【别名】横带副赤尾冬、红尾冬仔、横带海鲫

【特征】背鳍Ⅹ-9；臀鳍Ⅲ-7；胸鳍 14～16；侧线鳞 34～35；侧线上鳞 4。

【习性】暖水性底层鱼类，栖息于近海沙泥底质海域。

【分布】主要分布于印度－西太平洋暖水海域，我国主要分布于东海和南海。

158. 线尾锥齿鲷 *Pentapodus setosus* (Valenciennes, 1830)

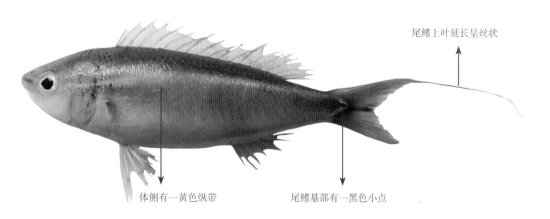

尾鳍上叶延长呈丝状

体侧有一黄色纵带

尾鳍基部有一黑色小点

【别名】多毛锥齿鲷

【特征】背鳍Ⅹ-9；臀鳍Ⅲ-7；侧线鳞 44～47。

【习性】暖水性中下层鱼类，栖息于岩礁和珊瑚礁海域。

【分布】主要分布于印度－西太平洋暖水海域，我国主要分布于南海。

十九、鲈形目

159. 条纹眶棘鲈 *Scolopsis taenioptera* (Cuvier, 1830)

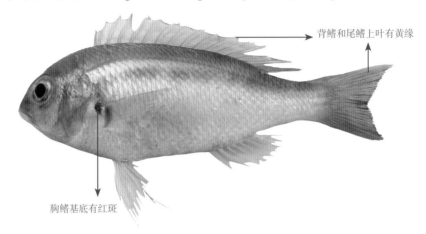

背鳍和尾鳍上叶有黄缘

胸鳍基底有红斑

【别名】细鳍眶棘鲈

【特征】背鳍X-9；臀鳍Ⅲ-7；侧线鳞43～46。

【习性】暖水性中下层鱼类，栖息于近岸沙泥底质海域。

【分布】主要分布于西太平洋暖水海域，我国主要分布于东海和南海。

160. 伏氏眶棘鲈 *Scolopsis vosmeri* (Bloch, 1792)

鳃盖有一半月形白斑

体红褐色，腹面白色

各鳍内侧橘褐色，外侧黄色

【别名】白颈眶棘鲈、红海尺、红海鲫、白颈老鸦

【特征】背鳍X-9；臀鳍Ⅲ-7；胸鳍17～19；侧线鳞40～43；侧线上鳞3.5。

【习性】暖水性中下层鱼类，栖息于浅海海域。

【分布】主要分布于印度－西太平洋暖水海域，我国主要分布于东海和南海。

161. 红鳍裸颊鲷 *Lethrinus haematopterus* Temminck & Schlegel, 1844

体灰褐色，有不明显的暗色斑纹

胸鳍基部内侧无鳞

【别名】连尖、黎黄、尖咀鱲、尖咀曹

【特征】背鳍Ⅹ-9；臀鳍Ⅲ-8；胸鳍13；侧线鳞47～48；侧线上鳞5。

【习性】暖水性底层鱼类，栖息于岩礁或沙泥底质海域。

【分布】主要分布于西北太平洋暖水海域，我国主要分布于东海和南海。

162. 长吻裸颊鲷 *Lethrinus miniatus* (Forster, 1801)

眼前有2～3条紫色放射线

吻尖长，唇朱红色

体浅紫褐色，具8～9条暗色条纹

【别名】白果鱲、脸尖、龙钻

【特征】背鳍Ⅹ-9；臀鳍Ⅲ-8；胸鳍13；侧线鳞45～49；侧线上鳞5。

【习性】暖水性中下层鱼类，栖息于岩礁或沙砾底质海域。

【分布】主要分布于西太平洋暖水海域，我国主要分布于东海和南海。

十九、鲈形目

163. 红裸颊鲷 *Lethrinus rubrioperculatus* Sato, 1978

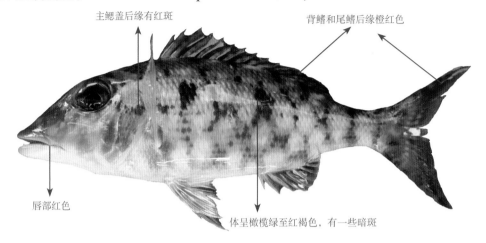

主鳃盖后缘有红斑

背鳍和尾鳍后缘橙红色

唇部红色

体呈橄榄绿至红褐色，有一些暗斑

【别名】红鳃龙占鱼

【特征】背鳍Ⅹ-9；臀鳍Ⅲ-8；胸鳍13；侧线鳞46～48；侧线上鳞5。

【习性】暖水性底层鱼类，栖息于岩礁和沙砾底质海域。

【分布】主要分布于印度－西太平洋暖水海域，我国主要分布于东海和南海。

164. 黄鳍棘鲷 *Acanthopagrus latus* (Houttuyn, 1782)

侧线起点和胸鳍
基部有一黑点

侧线上鳞3.5行

体灰白或银白色

臀鳍、腹鳍、胸鳍
及尾鳍下叶黄色

【别名】黄鳍鲷、乌鯮、黄脚立、黄脚鱲、鱲鱼

【特征】背鳍Ⅺ-11；臀鳍Ⅲ-8；胸鳍15；侧线鳞43～48；侧线上鳞4。

【习性】暖水性底层鱼类，栖息于沙泥底质海域，亦会进入河口或咸淡水水域。

【分布】主要分布于印度－西太平洋暖水海域，我国主要分布于东海和南海。

165. 黑棘鲷 *Acanthopagrus schlegelii* (Bleeker, 1854)

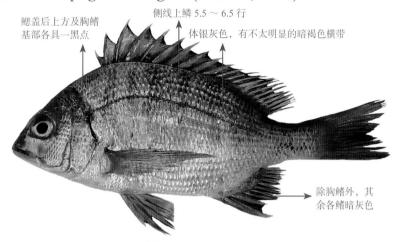

鳃盖后上方及胸鳍
基部各具一黑点

侧线上鳞 5.5 ～ 6.5 行

体银灰色，有不太明显的暗褐色横带

除胸鳍外，其
余各鳍暗灰色

【别名】黑鲷、乌颊鱼、黑立、黑沙鳢、黑鳢、鳢鱼

【特征】背鳍Ⅺ～Ⅻ-11；臀鳍Ⅲ-8；胸鳍15；侧线鳞48 ～ 57；侧线上鳞5.5 ～ 6.5。

【习性】暖温性底层鱼类，栖息于近岸岩礁、内湾及咸淡水水域。

【分布】主要分布于西北太平洋暖水海域，我国沿海均有分布。

166. 真赤鲷 *Pagrus major* (Temminck & Schlegel, 1843)

背鳍基部有白色斑点

鳃盖膜不红

体侧散布蓝色亮点

尾鳍后缘墨绿色

【别名】日本真鲷、赤鲷、真鲷、花立、七星立

【特征】背鳍Ⅻ-10；臀鳍Ⅲ-8；胸鳍15；侧线鳞53 ～ 59。

【习性】暖温性底层鱼类，主要栖息于岩礁和沙泥底质海域。

【分布】主要分布于西北太平洋暖水海域，我国沿海均有分布。

十
九
、
鲈
形
目

167. 二长棘犁齿鲷 *Evynnis cardinalis* (Lacepède, 1802)

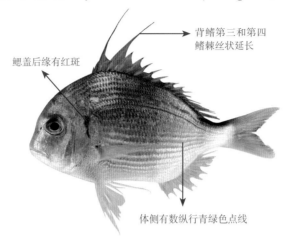

背鳍第三和第四
鳍棘丝状延长

鳃盖后缘有红斑

体侧有数纵行青绿色点线

【别名】二长棘犁齿鲷、立鱼、圆头立、赤崇、赤削、安南、铜南

【特征】背鳍XII -10；臀鳍III-9；胸鳍15；侧线鳞58～64；侧线上鳞6～7。

【习性】暖温性底层鱼类，栖息于沙泥底质海域。

【分布】主要分布于西北太平洋暖水海域，我国主要分布于东海和南海。

168. 平鲷 *Rhabdosargus sarba* (Forsskål, 1775)

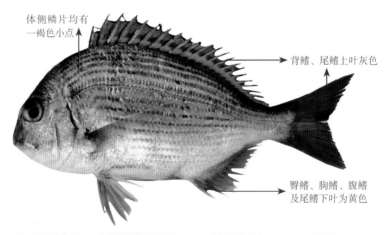

体侧鳞片均有
一褐色小点

背鳍、尾鳍上叶灰色

臀鳍、胸鳍、腹鳍
及尾鳍下叶为黄色

【别名】黄锡鲷、金丝鱲、鱲鱼、平头、胖头、金丝鲷

【特征】背鳍XI-13；臀鳍III-10～12；胸鳍15；侧线鳞53～63；侧线上鳞7～8。

【习性】暖水性底层鱼类，栖息于沿岸岩礁或内湾沙泥底质海域。

【分布】主要分布于印度－西太平洋暖水海域，我国主要分布于黄海、东海和南海。

169. 多鳞四指马鲅 *Eleutheronema rhadinum* (Jordan & Evermann, 1902)

胸鳍下部具 4 条游离丝状鳍条　　胸鳍鳍膜为黑色

【别名】四丝马鲅、马友、王鱼、午鱼

【特征】背鳍Ⅷ，I-13 ～ 15；臀鳍Ⅲ-15 ～ 17；胸鳍 18+4。

【习性】暖水性中下层洄游鱼类，栖息于沿岸沙泥底质海域。

【分布】主要分布于印度－西太平洋海域，我国沿海均有分布。

170. 六指多指马鲅 *Polydactylus sextarius* (Bloch & Schneider, 1801)

侧线前端有 1 大黑斑

胸鳍下部具 6 条游离丝状鳍条

【别名】黑斑六丝多指马鲅、黑斑马鲅、六指马鲅

【特征】背鳍Ⅷ，I-13；臀鳍Ⅲ-11；胸鳍 15+6；侧线鳞 44 ～ 50。

【习性】暖水性中下层鱼类，栖息于浅海内湾沙泥底质海域。

【分布】主要分布于印度－西太平洋暖水海域，我国主要分布于东海和南海。

十九、鲈形目

171. 尖头黄鳍牙鲅 *Chrysochir aureus* (Richardson, 1846)

体上半部紫褐色，下半部白色

上颌长于下颌

尾鳍褐色，上下缘黄色

【别名】尖头黄姑鱼、黄金鳍鲅、鮸仔鱼、白花、鲅鱼

【特征】背鳍 X～XI-25～27；臀鳍 II-7；胸鳍 17～19；侧线鳞 47～50。

【习性】暖水性底层鱼类，栖息于近岸沙泥底质海域。

【分布】主要分布于印度-太平洋温暖水海域，我国主要分布于黄海、东海和南海。

172. 棘头梅童鱼 *Collichthys lucidus* (Richardson, 1844)

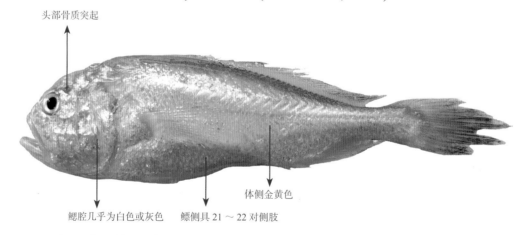

头部骨质突起

鳃腔几乎为白色或灰色　鳔侧具 21～22 对侧肢

体侧金黄色

【别名】黄皮、狮头鱼、黄花

【特征】背鳍 IX-24～29；臀鳍 II-11～13；胸鳍 15；侧线鳞 49～50。

【习性】暖温性中下层鱼类，栖息于近海内湾或河口水域。

【分布】主要分布于西太平洋暖水海域，我国沿海均有分布。

173. 勒氏枝鳔石首鱼 *Dendrophysa russelii* (Cuvier, 1829)

背鳍鳍棘前方有一大黑鞍斑

背鳍前上部灰黑色

颏孔 5 个，颏部有一短须

【别名】勒氏短须石首鱼、勒氏须鲅、勒氏石首鱼、老鼠鲅
【特征】背鳍XI-25 ～ 28；臀鳍Ⅱ-7；胸鳍 16 ～ 18；腹鳍I-5；侧线鳞 46 ～ 50。
【习性】暖水性底层鱼类，栖息于近岸沙泥底质海域。
【分布】主要分布于印度 - 西太平洋暖水海域，我国主要分布于东海和南海。

174. 团头叫姑鱼 *Johnius amblycephalus* (Bleeker, 1855)

背鳍鳍棘部呈帆形

口下位，吻圆突

颏部有一短须

【别名】钝头叫姑鱼、杜氏须鲅、黑加网、鲅鱼
【特征】背鳍XI, 24 ～ 26；臀鳍Ⅱ-7；胸鳍 16。
【习性】暖水性底层鱼类，栖息于沙泥底质海域，亦会进入河口水域。
【分布】主要分布于印度 - 西太平洋暖水海域，我国主要分布于东海和南海。

175. 叫姑鱼 *Johnius grypotus* (Richardson, 1846)

鳃盖青紫色　　　　　　　　　　　　背鳍末缘黑色

【别名】鳅仔、鳅鱼

【特征】背鳍X～XI, 27～29；臀鳍II-8；胸鳍18～19；侧线鳞44～50。

【习性】暖水性底层鱼类，栖息于沙泥底质海域。

【分布】主要分布于西北太平洋海域，我国主要分布于东海和南海。

176. 大黄鱼 *Larimichthys crocea* (Richardson, 1846)

侧线上鳞8～9行

臀鳍第二鳍棘大于眼径　　　尾柄长为尾柄
　　　　　　　　　　　　　高的3倍以上

【别名】黄鱼、黄瓜、黄花鱼、鳅鱼、金龙、红口

【特征】背鳍IX～X, 30～35；臀鳍II-7～9；胸鳍15～17；侧线鳞50～53。

【习性】暖温性中下层鱼类，栖息于近海沙泥底质海域，亦会进入河口水域。

【分布】主要分布于西北太平洋暖水海域，我国主要分布于黄海、东海和南海。

177. 黄姑鱼 *Nibea albiflora* (Richardson, 1846)

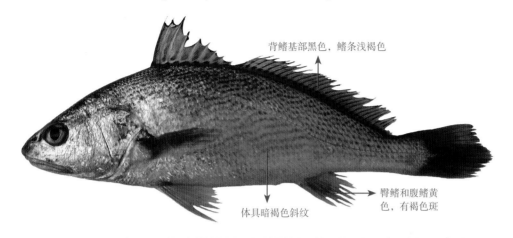

背鳍基部黑色，鳍条浅褐色

臀鳍和腹鳍黄色，有褐色斑

体具暗褐色斜纹

【别名】黄姑子、黄铜鱼、铜罗鱼、黄婆鸡、花鲅、花皮鲅、春只、皮鲅

【特征】背鳍XI～XII，28～31；臀鳍II-7～8；胸鳍17～19；侧线鳞50。

【习性】暖温性中下层鱼类，栖息于沙泥底质浅海海域。

【分布】主要分布于西北太平洋海域，我国沿海均有分布。

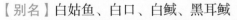

178. 银姑鱼 *Pennahia argentata* (Houttuyn, 1782)

鳃盖上方有一大黑斑

背鳍鳍条有一银色纵带

体侧无斑点，上半部紫褐色，下半部银白色

【别名】白姑鱼、白口、白鲅、黑耳鲅

【特征】背鳍XI，25～28；臀鳍II-7～8；胸鳍17～18；侧线鳞50～52。

【习性】暖温性中下层鱼类，有集群洄游习性。

【分布】主要分布于印度－西太平洋暖水海域，我国主要分布于东海和南海。

十九、鲈形目

179. 斑鳍银姑鱼 *Pennahia pawak* (Lin, 1940)

鳃盖后上方有一黑斑

背鳍鳍棘有一黑斑

体侧上半部紫褐色，下半部银白色

【别名】斑鳍白姑鱼、春子、放屁鰄、鰄鱼、大头鰄、乌目鰄、宽咀鰄

【特征】背鳍Ⅺ，24～25；臀鳍Ⅱ-7；胸鳍16～17；侧线鳞48。

【习性】暖水性中下层鱼类，栖息于近岸沙泥底质海域。

【分布】主要分布于西太平洋暖水海域，我国主要分布于东海和南海。

180. 眼斑拟石首鱼 *Sciaenops ocellatus* (Linnaeus, 1766)

尾柄处有一眼状黑斑

口裂延伸至眼后缘

体银灰色，腹部银白色

【别名】美国红鱼、美国红鲈、斑尾鲈鱼、星鲈、红鼓

【特征】背鳍Ⅷ～Ⅸ，Ⅰ-23；臀鳍Ⅱ-7；胸鳍15～16；腹鳍Ⅰ-5；侧线鳞50～51；
        侧线上鳞7～8。

【习性】近海广温、广盐性鱼类，具洄游性，喜集群。

【分布】主要分布于西太平洋海域，为我国主要养殖种类，现我国沿海存在逃逸种群。

181. 七棘副绯鲤 *Parupeneus heptacanthus* (Lacepède, 1802)

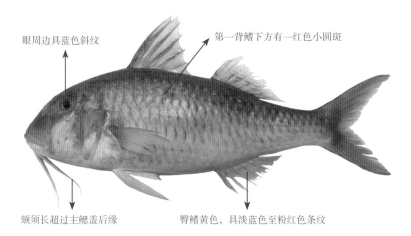

眼周边具蓝色斜纹

第一背鳍下方有一红色小圆斑

颏须长超过主鳃盖后缘

臀鳍黄色，具淡蓝色至粉红色条纹

【别名】红点副绯鲤、秋哥

【特征】背鳍Ⅷ，9；臀鳍7；胸鳍14～17；侧线鳞27～30。

【习性】暖水性底层鱼类，栖息于岩礁海域，喜群居。

【分布】主要分布于印度-西太平洋暖水海域，我国主要分布于东海和南海。

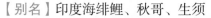

182. 印度副绯鲤 *Parupeneus indicus* (Shaw, 1803)

侧线上方有一
金黄色大斑

尾柄处有一大黑斑

【别名】印度海绯鲤、秋哥、生须

【特征】背鳍Ⅶ，9；臀鳍7；胸鳍15～17；侧线鳞26～31。

【习性】暖水性底层鱼类，栖息于岩礁或珊瑚礁外围的沙泥底质海域。

【分布】主要分布于印度-太平洋暖水海域，我国主要分布于东海和南海。

183. 多带副绯鲤 *Parupeneus multifasciatus* (Quoy & Gaimard, 1825)

吻部至眼后有一短黑色纵带

背鳍最后一鳍条明显较长

体红棕色，具
3～5 条黑色横带

【别名】三带副绯鲤、多带海绯鲤

【特征】背鳍Ⅷ，9；臀鳍 7；胸鳍 16；侧线鳞 27～30。

【习性】暖水性底层鱼类。

【分布】主要分布于印度-太平洋暖水海域，我国主要分布于东海和南海。

184. 日本绯鲤 *Upeneus japonicus* (Houttuyn, 1782)

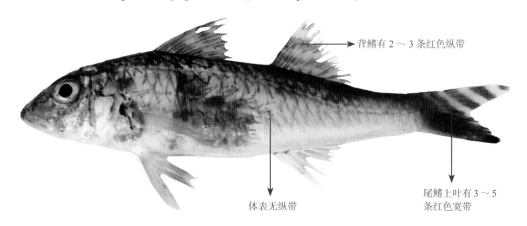

背鳍有 2～3 条红色纵带

体表无纵带

尾鳍上叶有 3～5
条红色宽带

【别名】条尾绯鲤、红秋姑、生须、朱笔

【特征】背鳍Ⅶ，9；臀鳍 7；胸鳍 13～14；侧线鳞 31～33。

【习性】暖水性底层鱼类，栖息于沙泥底质浅海海域。

【分布】主要分布于印度-西太平洋暖水海域，我国主要分布于黄海、东海和南海。

185. 吕宋绯鲤 *Upeneus luzonius* Jordan & Seale, 1907

背鳍、臀鳍、腹鳍
均有红褐色纵带

体背有 5 个暗色鞍状斑

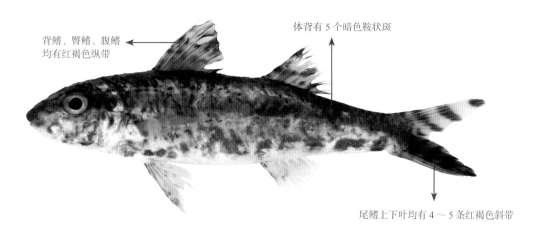

尾鳍上下叶均有 4～5 条红褐色斜带

【别名】生须、秋姑、须哥

【特征】背鳍Ⅷ，9；臀鳍 7；胸鳍 12～14；侧线鳞 30～31。

【习性】暖水性底层鱼类，栖息于沙泥底质海域。

【分布】主要分布于印度－西太平洋海域，我国主要分布于东海和南海。

186. 黄带绯鲤 *Upeneus sulphureus* Cuvier, 1829

第一背鳍尖端黑色

体侧具 2 条以上黄色纵细带

尾鳍无斜纹

【别名】生须、双线、溏思、藤丝、今鸡

【特征】背鳍Ⅷ，9；臀鳍 7；胸鳍 15～17；侧线鳞 34～39。

【习性】暖水性底层鱼类，栖息于沙泥底质海域。

【分布】主要分布于印度－西太平洋暖水海域，我国主要分布于东海和南海。

十九、鲈形目

187. 斑点鸡笼鲳 *Drepane punctata* (Linnaeus, 1758)

背鳍有 2 纵列暗斑

体侧有 4 ～ 11 条
黑点连成的横带

胸鳍延长
呈镰刀状

【别名】鸡笼鲳、花鲳、浆打鲳、臭屎鲳、龟笼鲳

【特征】背鳍Ⅷ～Ⅸ-19 ～ 22；臀鳍Ⅲ-17 ～ 19；侧线鳞 50 ～ 55。

【习性】暖水性中下层鱼类，栖息于近岸岩礁海域，亦可进入河口水域。

【分布】主要分布于印度 - 太平洋暖水海域，我国主要分布于东海和南海。

188. 朴罗蝶鱼 *Roa modesta* (Temminck & Schlegel, 1844)

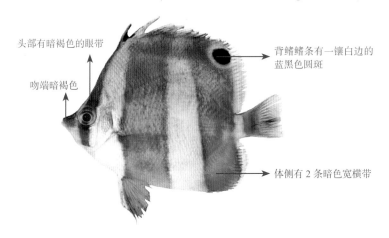

头部有暗褐色的眼带

吻端暗褐色

背鳍鳍条有一镶白边的
蓝黑色圆斑

体侧有 2 条暗色宽横带

【别名】朴蝴蝶鱼、尖嘴罗蝶鱼、尖嘴蝶、荷包鱼

【特征】背鳍Ⅺ-21 ～ 25；臀鳍Ⅲ-18 ～ 21；胸鳍 13 ～ 15；侧线鳞 36 ～ 45。

【习性】珊瑚礁鱼类，栖息于岩礁海域。

【分布】主要分布于印度 - 西太平洋暖水海域，我国主要分布于黄海、东海和南海。

189. 帆鳍鱼 *Histiopterus typus* Temminck & Schlegel, 1844

体侧有数条暗色横带

背鳍高大如帆

吻尖锥形

【别名】五棘鲷、旗鲷、神仙鱼、燕儿鱼

【特征】背鳍Ⅳ-27～28；臀鳍Ⅲ-10；胸鳍18；侧线鳞60～66。

【习性】暖水性中下层鱼类，栖息于岩礁粗沙底质海域。

【分布】主要分布于印度－西太平洋海域，我国主要分布于东海和南海。

190. 四带牙蜮 *Pelates quadrilineatus* (Bloch, 1790)

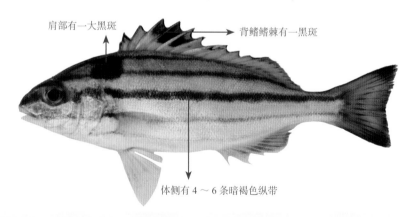

肩部有一大黑斑

背鳍鳍棘有一黑斑

体侧有4～6条暗褐色纵带

【别名】列牙蜮、四线列牙蜮、四线鸡鱼、唱歌婆、钉公

【特征】背鳍Ⅻ～Ⅻ-9～11；臀鳍Ⅲ-9～10；胸鳍13～16；侧线鳞66～75；侧线上鳞9～11。

【习性】暖水性底层鱼类，栖息于沿岸沙泥底质海域及河口区，常群游。

【分布】主要分布于西太平洋暖水海域，我国主要分布于东海和南海。

十九、鲈形目

191. 尖突吻鯻 *Rhynchopelates oxyrhynchus* (Temminck & Schlegel, 1842)

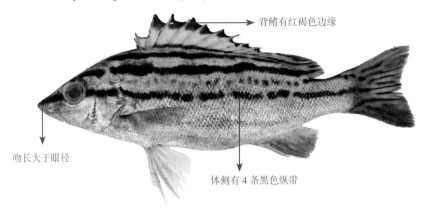

背鳍有红褐色边缘

吻长大于眼径

体侧有 4 条黑色纵带

【别名】尖吻鯻、突吻鯻、唱歌婆、斑猪、钉公

【特征】背鳍XII-9～11；臀鳍III-7～9；胸鳍 13～14；侧线鳞 58～80；侧线上鳞
10～11。

【习性】暖水性底层鱼类，栖息于沿海浅水及河口区。

【分布】主要分布于西太平洋暖水海域，我国主要分布于东海和南海。

192. 细鳞鯻 *Terapon jarbua* (Forsskål, 1775)

背鳍具黑斑，周边淡黄色

体侧具弧形黑色纵带

尾鳍有黑色纵带

【别名】花身鯻、斑猪、钉公、海黄蜂

【特征】背鳍XI～XII-9～11；臀鳍III-7～10；胸鳍 13～14；侧线鳞 75～100；侧线
上鳞 13～17。

【习性】暖水性底层鱼类，栖息于沿海浅水及咸淡水水域。

【分布】主要分布于印度 - 太平洋暖水海域，我国主要分布于东海和南海。

193. 鯻 *Terapon theraps* Cuvier, 1829

颈部有一暗斑

背鳍鳍棘有一大黑斑

体侧有 3 ～ 4 条水平黑褐色纵带

【别名】条纹鯻、金丝、钉公、石鯚、硬头浪、罗姑

【特征】背鳍Ⅺ～Ⅻ-9 ～ 11；臀鳍Ⅲ-7 ～ 10；胸鳍 14 ～ 15；侧线鳞 46 ～ 56；侧线上鳞 6 ～ 8。

【习性】暖水性底层鱼类，栖息于近岸内湾沙泥底质海域。

【分布】主要分布于印度 - 太平洋暖水海域，我国主要分布于东海和南海。

194. 印度棘赤刀鱼 *Acanthocepola indica* (Day, 1888)

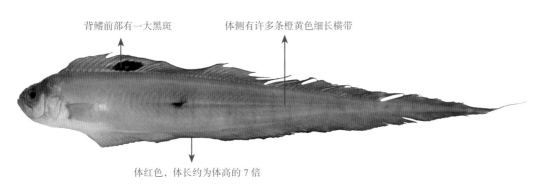

背鳍前部有一大黑斑

体侧有许多条橙黄色细长横带

体红色，体长约为体高的 7 倍

【别名】红帘鱼、红带、红狮公

【特征】背鳍约 85；臀鳍约 100；胸鳍 17。

【习性】暖水性底层鱼类，栖息于沙泥底质海域。

【分布】主要分布于印度 - 西太平洋暖水海域，我国主要分布于东海和南海。

十九、鲈形目

195. 孟加拉国豆娘鱼 *Abudefduf bengalensis* (Bloch, 1787)

胸鳍基部上方有一黑斑　　　　　体侧有 6 ～ 7 条黑色横
带，带宽小于间距

【别名】孟加拉豆娘鱼、安芬豆娘鱼、劳伦氏豆娘鱼、石刹婆、石刹

【特征】背鳍 XIII-13 ～ 15；臀鳍 II-14 ～ 15；胸鳍 16 ～ 20；侧线鳞 20 ～ 21+8 ～ 9。

【习性】珊瑚礁鱼类，栖息于内湾及珊瑚礁海域。

【分布】主要分布于印度 - 西太平洋暖水海域，我国主要分布于东海和南海。

196. 五带豆娘鱼 *Abudefduf vaigiensis* (Quoy & Gaimard, 1825)

体背黄色，体侧青绿色　　　　　　　　　　尾鳍无色带

体侧有 5 条黑色横带，间距大于黑色横带宽度

【别名】条纹豆娘鱼、条状豆娘鱼、石刹婆、石刹、五线雀鲷

【特征】背鳍 XIII-11 ～ 14；臀鳍 II-11 ～ 13；胸鳍 16 ～ 20；侧线鳞 20 ～ 23+9 ～ 10。

【习性】珊瑚礁鱼类，栖息于珊瑚礁或岩礁海域。

【分布】主要分布于印度 - 西太平洋暖水海域，我国主要分布于东海和南海。

197. 乔氏蜥雀鲷 *Teixeirichthys jordani* (Rutter, 1897)

尾鳍上下叶有丝状鳍条

胸鳍基部有一黑斑

臀鳍、背鳍、腹鳍边缘暗褐色

【别名】乔氏细鳞雀鲷、乔丹氏细鳞雀、乔氏锯雀鲷、石刹婆、石刹

【特征】背鳍XIII-11～14；臀鳍II-13～15；胸鳍17～19；侧线鳞27～31+13～18。

【习性】珊瑚礁鱼类，栖息于海藻场或沙底质海域。

【分布】主要分布于印度 - 西太平洋暖水海域，我国主要分布于东海和南海。

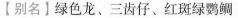

198. 绿尾唇鱼 *Cheilinus chlorourus* (Bloch, 1791)

尾鳍上下叶突出

腹鳍有丝状延长

体褐色至橄榄色，具许多白色至粉红色小点

【别名】绿色龙、三齿仔、红斑绿鹦鲷

【特征】背鳍IX～X-8～9；臀鳍III-8；胸鳍12；侧线鳞14～16+7～9。

【习性】主要栖息于珊瑚礁海域。

【分布】主要分布于印度 - 太平洋暖水海域，我国主要分布于东海和南海。

十
九
、
鲈
形
目

199. 横带唇鱼 *Cheilinus fasciatus* (Bloch, 1791)

幼鱼眼周围具黑纹

尾鳍上下叶延长，有 2 条黑色横带

体侧有 6 ～ 7 条宽横带

【别名】黄带唇鱼、横带龙、三齿仔

【特征】背鳍Ⅸ-10；臀鳍Ⅲ-8；胸鳍 12；侧线鳞 14 ～ 15+8 ～ 11。

【习性】主要栖息于珊瑚礁或岩礁海域。

【分布】主要分布于印度－太平洋暖水海域，我国主要分布于东海和南海。

200. 三叶唇鱼 *Cheilinus trilobatus* Lacepède, 1801

体侧有 4 条黑色宽横带

头部有许多红色斑点

雄鱼除胸鳍外，各鳍均延长

【别名】三叶龙、三叶鹦鲷、曲纹唇鱼、波纹鹦鲷

【特征】背鳍Ⅸ-10；臀鳍Ⅲ-8；胸鳍 12；侧线鳞 15 ～ 17+7 ～ 9。

【习性】主要栖息于珊瑚礁或岩礁海域。

【分布】主要分布于印度－太平洋暖水海域，我国主要分布于东海和南海。

201. 蓝猪齿鱼 *Choerodon azurio* (Jordan & Snyder, 1901)

背鳍起点离眼端较远

体侧具黑色和白色斜带

臀鳍具黄色纵带

【别名】牙衣、四齿仔、石老、寒鲷

【特征】背鳍Ⅻ-7；臀鳍Ⅲ-10；胸鳍16；侧线鳞24～28。

【习性】栖息于岩礁海域。

【分布】主要分布于西太平洋暖水海域，我国主要分布于东海和南海。

202. 云斑海猪鱼 *Halichoeres nigrescens* (Bloch & Schneider, 1801)

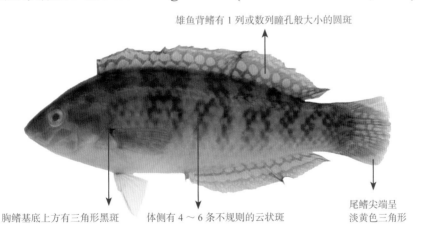

雄鱼背鳍有1列或数列瞳孔般大小的圆斑

胸鳍基底上方有三角形黑斑

体侧有4～6条不规则的云状斑

尾鳍尖端呈
淡黄色三角形

【别名】黑带海猪鱼、杜氏海猪鱼、黑海猪鱼、蚝妹、哨牙妹

【特征】背鳍Ⅸ-12；臀鳍Ⅲ-12；胸鳍15；侧线鳞27。

【习性】栖息于珊瑚礁及其附近的岩礁海域。

【分布】主要分布于印度－西太平洋暖水海域，我国主要分布于东海和南海。

十
九
、
鲈
形
目

203. 鲍氏项鳍鱼 *Iniistius baldwini* (Jordan & Evermann, 1903)

背鳍下方有黑色斑块

胸鳍上方有黄斑

尾鳍有 8 条垂直淡黄色点带

【别名】淡绿连鳍唇鱼、鳃斑离鳍鱼、丽虹彩鲷、石马头

【特征】背鳍Ⅸ-12；臀鳍Ⅲ-12；胸鳍 12；侧线鳞 21+5。

【习性】栖息于珊瑚礁及沙底质海域。

【分布】主要分布于太平洋暖水海域，我国主要分布于东海和南海。

204. 三带项鳍鱼 *Iniistius trivittatus* (Randall & Cornish, 2000)

体侧有 3 条黑色横带

腹鳍有丝状延长鳍条

臀鳍、背鳍有粉红色边缘

【别名】三带连鳍唇鱼、三带虹彩鲷、三带离鳍鲷

【特征】背鳍Ⅸ-12；臀鳍Ⅲ-12；胸鳍 12。

【习性】栖息于珊瑚礁周围的沙泥地。

【分布】主要分布于西太平洋暖水海域，我国主要分布于东海和南海。

205. 洛神连鳍唇鱼 *Xyrichtys dea* Temminck & Schlegel, 1845

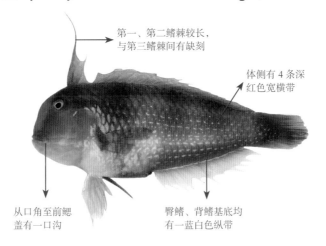

第一、第二鳍棘较长，与第三鳍棘间有缺刻

体侧有 4 条深红色宽横带

从口角至前鳃盖有一口沟

臀鳍、背鳍基底均有一蓝白色纵带

【别名】洛神项鳍鱼、红连鳍唇鱼、石马头

【特征】背鳍Ⅸ-11 ～ 13；臀鳍Ⅲ-11 ～ 12；胸鳍 11 ～ 12；侧线鳞 18 ～ 20+4 ～ 5。

【习性】栖息于珊瑚礁及沙底质海域。

【分布】主要分布于印度－西太平洋暖水海域，我国主要分布于东海和南海。

206. 蔷薇连鳍唇鱼 *Xyrichtys verrens* (Jordan & Evermann, 1902)

雄鱼头后上方有紫红色斑点

腹鳍丝状延长，伸达臀鳍

胸鳍尾端黑色

【别名】侧斑离鳍鱼、红斑离鳍鱼、紫斑连鳍唇鱼、石马头

【特征】背鳍Ⅸ-12；臀鳍Ⅲ-12；胸鳍 12；侧线鳞 20 ～ 22+5 ～ 6。

【习性】栖息于珊瑚礁及沙底质海域。

【分布】主要分布于西北太平洋暖水海域，我国主要分布于东海和南海。

十九、鲈形目

207. 双色鲸鹦嘴鱼 *Cetoscarus bicolor* (Rüppell, 1829)

雌鱼背部黄色

尾弯月形

头部橘红色

雌鱼体侧鳞片有
黑色斑点和边缘

【别名】二色大鹦嘴鱼、青鲸鹦嘴鱼、青衣、青鹦哥鱼

【特征】背鳍Ⅸ-10；臀鳍Ⅲ-9；胸鳍 14 ～ 15；侧线鳞 18+5 ～ 8。

【习性】栖息于珊瑚礁海域，幼鱼喜独立生活。

【分布】主要分布于印度 - 西太平洋暖水海域，我国主要分布于东海和南海。

208. 青点鹦嘴鱼 *Scarus ghobban* Forsskål, 1775

雌鱼体橙黄色，有蓝绿色横带

眼下有蓝绿色纵带

各鳍缘蓝绿色

【别名】蓝点鹦哥鱼、杜氏鹦嘴鱼、鹦哥鱼、黄衣鱼

【特征】胸鳍 15 ～ 16；背鳍前鳞 5 ～ 7；颊鳞 3 列。

【习性】常栖息于珊瑚礁及岩礁海域。

【分布】主要分布于印度 - 太平洋暖水海域，我国主要分布于东海和南海。

209. 截尾鹦嘴鱼 *Scarus rivulatus* Valenciennes, 1840

背鳍、臀鳍、腹鳍具蓝色外缘

雄鱼口角至眼下方有网状斑纹

尾鳍后缘截形

【别名】杂纹鹦哥鱼、带纹鹦嘴鱼、青衣

【特征】胸鳍 14 ～ 15；背鳍前鳞 6 ～ 7。

【习性】栖息于珊瑚礁海域。

【分布】主要分布于西太平洋海域，我国主要分布于东海和南海。

210. 眼斑拟鲈 *Parapercis ommatura* Jordan & Snyder, 1902

尾鳍基部上方有一眼状斑

颊部有多条暗色条带

尾体侧有 2 ～ 3 个 V 形斑

【别名】真拟鲈、沙鲈、花狗母、黑肠

【特征】背鳍 V-22；臀鳍 I-18；胸鳍 15 ～ 16；侧线鳞 60。

【习性】暖水性底层鱼类，栖息于沙泥底质浅海海域。

【分布】主要分布于西北太平洋暖水海域，我国主要分布于东海和南海。

十九、鲈形目

211. 美拟鲈 *Parapercis pulchella* (Temminck & Schlegel, 1843)

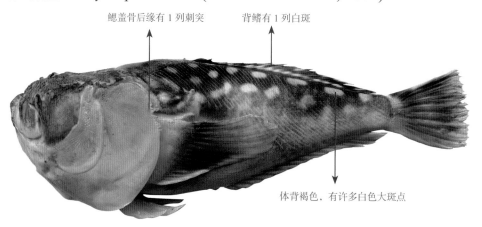

背鳍鳍棘有一黑斑，鳍棘与鳍条之间有缺刻

尾柄处无眼状斑

颊部有多条
蓝色条带

体侧有 6 条暗色横带和 1 条白色纵带

尾鳍上叶延长

【别名】红肠、举目鱼、花狗母

【特征】背鳍V-20 ～ 21；臀鳍I-17 ～ 18；胸鳍 16 ～ 17；侧线鳞 56 ～ 64。

【习性】暖水性底层鱼类，栖息于沙砾底质浅海海域。

【分布】主要分布于印度 - 西太平洋暖水海域，我国主要分布于东海和南海。

212. 披肩䲢 *Ichthyscopus lebeck* (Bloch & Schneider, 1801)

鳃盖骨后缘有 1 列刺突

背鳍有 1 列白斑

体背褐色，有许多白色大斑点

【别名】望天鱼、打龙锤、向天虎、大头丁

【特征】背鳍Ⅱ-18；臀鳍16 ～ 17；胸鳍 16 ～ 17；腹鳍I-5。

【习性】暖水性底层鱼类，栖息于沙泥底质浅海海域。

【分布】主要分布于印度 - 西太平洋海域，我国主要分布于东海和南海。

213. 双斑䲥 *Uranoscopus bicinctus* Temminck & Schlegel, 1843

第一背鳍黑色

尾鳍黑褐色，末缘淡黄色

体背有 2 个大的鞍状斑

【别名】望天鱼、打龙锤、大头丁、向天虎、双斑瞻星鱼

【特征】背鳍Ⅳ～Ⅴ, 12 ～ 14；臀鳍 13；胸鳍 17 ～ 18；腹鳍 I-5。

【习性】暖水性底层鱼类，栖息于沙泥底质海域。

【分布】主要分布于印度 - 西太平洋海域，我国主要分布于东海和南海。

214. 土佐䲥 *Uranoscopus tosae* (Jordan & Hubbs, 1925)

第一背鳍黑色

眼间隔凹陷不达眼后缘

体表无明显斑纹，背侧褐色，腹侧灰白

【别名】项鳞䲥

【特征】背鳍Ⅳ～Ⅴ, 13；臀鳍 12 ～ 14；胸鳍 17 ～ 19；腹鳍 I-5。

【习性】暖水性底层鱼类，栖息于沙泥底质海域。

【分布】主要分布于西太平洋海域，我国分布于东海和南海。

十九、鲈形目

215. 日本鮨 *Callionymus japonicus* Houttuyn, 1782

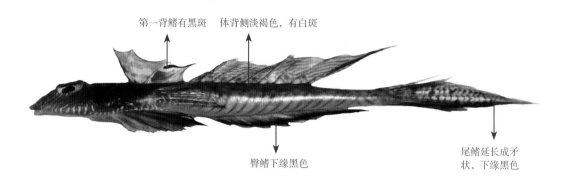

第一背鳍有黑斑　体背侧淡褐色，有白斑

臀鳍下缘黑色

尾鳍延长成矛状，下缘黑色

【别名】美尾鮨、日本美尾鮨、老鼠鱼、棺材钉

【特征】背鳍Ⅳ, 9；臀鳍 8；胸鳍 ii, 16 ～ 19；腹鳍 I-5。

【习性】暖水性底层鱼类。

【分布】主要分布于西太平洋暖水海域，我国分布于东海和南海。

216. 南方鮨 *Callionymus meridionalis* Suwardji, 1965

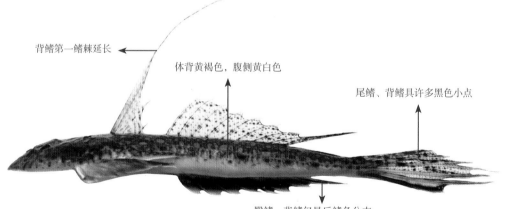

背鳍第一鳍棘延长

体背黄褐色，腹侧黄白色

尾鳍、背鳍具许多黑色小点

臀鳍、背鳍仅最后鳍条分支

【别名】单丝鮨、子午鮨、棘丝鮨、老鼠鱼

【特征】背鳍Ⅳ, 9；臀鳍 9；胸鳍 19 ～ 22；腹鳍 I-5。

【习性】暖水性底层鱼类，栖息于近岸沙泥底质海域。

【分布】主要分布于西太平洋海域，我国主要分布于东海和南海。

217. 中华乌塘鳢 *Bostrychus sinensis* Lacepède, 1801

第二背鳍有 6 ～ 7 条暗褐色纵带

尾鳍有一带
白边的眼状斑

脸颊微凸

【别名】乌塘鳢、笋壳、乌鱼、汶鱼、黑咕噜、姆虎、涂鱼
【特征】背鳍Ⅵ, I-10 ～ 11；臀鳍 I-9 ～ 10；胸鳍 17 ～ 18；腹鳍 I-5。
【习性】暖水性底层鱼类，栖息于浅海、内湾、红树林及咸淡水水域。
【分布】主要分布于印度 - 西太平洋暖水海域，我国主要分布于黄海、东海和南海。

218. 犬牙缰虾虎鱼 *Amoya caninus* (Valenciennes, 1837)

肩胛部有一蓝绿色圆斑

头部及体侧具亮绿色小点

【别名】犬牙细棘虾虎鱼、虎牙辐虾虎鱼、犬牙珠虾虎鱼、石庵、庵哥
【特征】背鳍Ⅵ, I-9 ～ 10；臀鳍 I-9 ～ 10；胸鳍 18 ～ 20；腹鳍 I-5；纵列鳞 25 ～ 29。
【习性】底层鱼类，栖息于河口、红树林湿地及沙泥底质海域。
【分布】主要分布于印度 - 西太平洋海域，我国主要分布于东海和南海。

十
九
、
鲈
形
目

219. 大弹涂鱼 *Boleophthalmus pectinirostris* (Linnaeus, 1758)

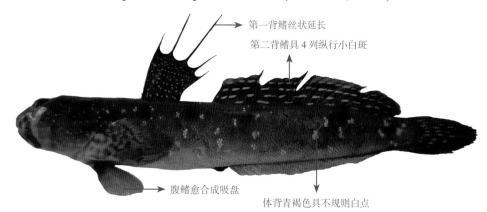

第一背鳍丝状延长

第二背鳍具 4 列纵行小白斑

腹鳍愈合成吸盘

体背青褐色具不规则白点

【别名】花跳鱼、石跳鱼、跳跳鱼、庵哥、林哥

【特征】背鳍 V, I-23 ～ 26；臀鳍 I-23 ～ 25；胸鳍 18 ～ 20；腹鳍 I-5；纵列鳞 89 ～ 115。

【习性】主要栖息于河口及红树林湿地的咸淡水水域，以及沿岸滩涂，多活动于潮间带。

【分布】主要分布于西北太平洋海域，我国沿海均有分布。

220. 红丝虾虎鱼 *Cryptocentrus russus* (Cantor, 1849)

背鳍鳍棘末端丝状

尾鳍上缘有红色点纹

头部及项部有橙色小点

体侧有 4 ～ 5 条褐色横带，被黄色横带分割

【别名】虾虎、庵哥、林哥

【特征】背鳍 VI, I-10；臀鳍 I-10；胸鳍 17 ～ 19；腹鳍 I-5。

【习性】暖水性底层鱼类，在珊瑚礁或岩礁海域营穴居生活。

【分布】主要分布于西太平洋海域，我国主要分布于东海和南海。

221. 长丝犁突虾虎鱼 *Myersina filifer* (Valenciennes, 1837)

第一背鳍有丝状延长，近基底有黑斑

头部有亮蓝色小点

体侧有 4 ~ 5 条较暗色横带

【别名】长丝虾虎鱼、丝鳍锄突虾虎鱼、庵哥、林哥

【特征】背鳍Ⅵ, I-10 ~ 11；臀鳍 I-9；胸鳍 18 ~ 19；腹鳍 I-5；纵列鳞 105 ~ 120。

【习性】暖温性近海小型鱼类，常栖息于沿岸沙泥底质海域。

【分布】主要分布于印度 - 西太平洋海域，我国沿海均有分布。

222. 红狼牙虾虎鱼 *Odontamblyopus rubicundus* (Hamilton, 1822)

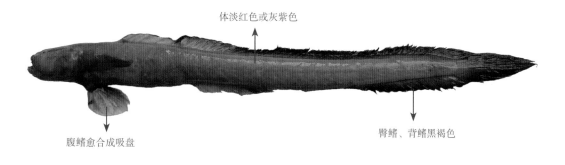

体淡红色或灰紫色

腹鳍愈合成吸盘

臀鳍、背鳍黑褐色

【别名】杜氏狼牙虾虎鱼、狼虾虎鱼、庵哥、林哥

【特征】背鳍Ⅵ-38 ~ 40；臀鳍 I-37 ~ 41；胸鳍 31 ~ 34；腹鳍 I-5。

【习性】暖温性底栖鱼类，常栖息于河口及近岸滩涂海域。

【分布】主要分布于日本、朝鲜半岛及印度沿海海域，我国沿海均有分布。

十九、鲈形目

111

223. 小头副孔虾虎鱼 *Paratrypauchen microcephalus* (Bleeker, 1860)

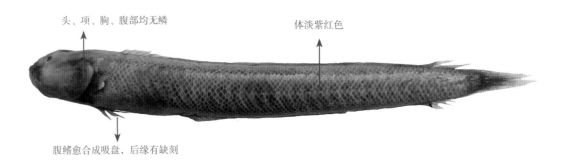

头、项、胸、腹部均无鳞

体淡紫红色

腹鳍愈合成吸盘，后缘有缺刻

【别名】小头栉孔虾虎鱼、赤鲨、庵哥、林哥

【特征】背鳍Ⅵ-47 ～ 54；臀鳍43 ～ 49；胸鳍15 ～ 17；腹鳍Ⅰ-4 ～ 5；纵列鳞60 ～ 70。

【习性】暖水性底层鱼类，主要栖息于河口、浅海泥底区域，穴居。

【分布】主要分布于印度－西太平洋海域，我国沿海均有分布。

224. 云斑裸颊虾虎鱼 *Yongeichthys nebulosus* (Forsskål, 1775)

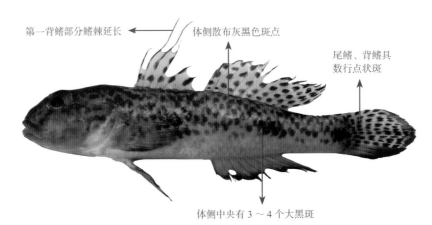

第一背鳍部分鳍棘延长

体侧散布灰黑色斑点

尾鳍、背鳍具数行点状斑

体侧中央有3 ～ 4个大黑斑

【别名】云纹裸颊虾虎鱼、云斑栉虾虎鱼、云纹吻虾虎鱼

【特征】背鳍Ⅵ, Ⅰ-9；臀鳍Ⅰ-9；胸鳍17 ～ 18；腹鳍Ⅰ-5。

【习性】暖水性底层鱼类，栖息于河口、港湾及红树林湿地。

【分布】主要分布于西南太平洋暖水海域，我国主要分布于东海和南海。

225. 白鲳 *Ephippus orbis* (Bloch, 1787)

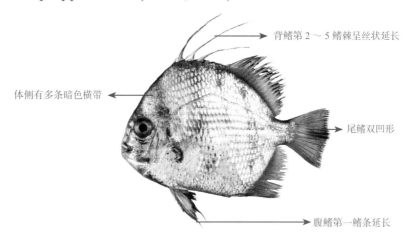

背鳍第 2 ～ 5 鳍棘呈丝状延长

体侧有多条暗色横带

尾鳍双凹形

腹鳍第一鳍条延长

【别名】银鳅、鸡鲳、燕仔鲳、烟袋鲳、法地鲳、袋仔鲳

【特征】背鳍IX-19 ～ 20；臀鳍III-15 ～ 16；侧线鳞 42 ～ 45。

【习性】暖水性中下层鱼类，栖息于近海岩礁或珊瑚礁海域。

【分布】主要分布于印度 - 西太平洋海域，我国主要分布于东海和南海。

226. 金钱鱼 *Scatophagus argus* (Linnaeus, 1766)

体侧散布大小不一的黑色圆斑

背鳍有一向前倒刺

【别名】金鼓鱼、变身苦、遍身苦、烂扁鱼

【特征】背鳍X ～ XI-16 ～ 18；臀鳍IV-14 ～ 15；胸鳍 17；侧线鳞 85 ～ 120。

【习性】暖水性中下层鱼类，栖息于近岸岩礁及海藻丛海域。

【分布】主要分布于印度 - 太平洋暖水海域，我国主要分布于东海和南海。

十九、鲈形目

227. 长鳍篮子鱼 *Siganus canaliculatus* (Park,1797)

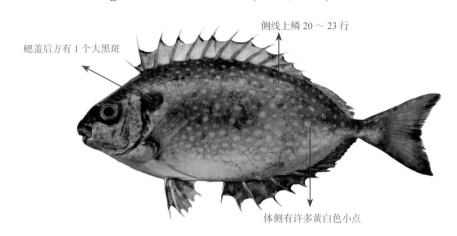

鳃盖后方有 1 个大黑斑

侧线上鳞 20 ～ 23 行

体侧有许多黄白色小点

【别名】黄斑篮子鱼、长鳍臭肚鱼、沟篮子鱼、泥猛

【特征】背鳍XⅢ-10；臀鳍Ⅶ-9；胸鳍 15 ～ 18；腹鳍 I-3-I 。

【习性】暖水性岩礁鱼类，可见于河口，喜群集。

【分布】主要分布于印度－西太平洋暖水海域，我国主要分布于东海和南海。

228. 褐篮子鱼 *Siganus fuscescens* (Houttuyn, 1782)

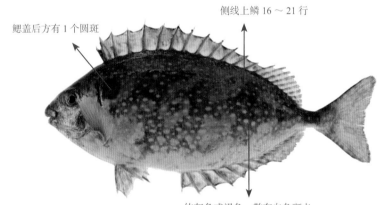

鳃盖后方有 1 个圆斑

侧线上鳞 16 ～ 21 行

体灰色或褐色，散布白色斑点

【别名】云斑篮子鱼、褐臭肚鱼、泥猛

【特征】背鳍XⅢ -10；臀鳍Ⅶ-9；胸鳍 16 ～ 17；腹鳍 I-3-I 。

【习性】暖水性岩礁鱼类。

【分布】主要分布于印度－西太平洋暖水海域，我国主要分布于黄海、东海和南海。

229. 星斑篮子鱼 *Siganus guttatus* (Bloch, 1787)

背鳍基部后方有 1 个橙色鞍斑

体具许多金黄色不规则斑点，斑点大小比斑点间距大

【别名】点篮子鱼、臭肚、象鱼、泥猛

【特征】背鳍XIII -10；臀鳍VII-9；胸鳍 15 ～ 17；腹鳍 I-3-I 。

【习性】暖水性岩礁鱼类，栖息于珊瑚礁或岩礁海域，可随潮水进入河口。

【分布】主要分布于印度 - 西太平洋暖水海域，我国主要分布于东海和南海。

230. 黑身篮子鱼 *Siganus punctatissimus* Fowler & Bean, 1929

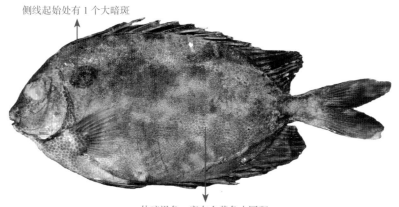

侧线起始处有 1 个大暗斑

体暗褐色，密布金黄色小圆斑

【别名】暗体臭肚鱼、泥猛

【特征】背鳍XIII-10；臀鳍VII-9；胸鳍 16；腹鳍 I-3-I 。

【习性】暖水性岩礁鱼类，常成群栖息于朝海的珊瑚礁或岩礁等藻类繁生的海域。

【分布】主要分布于印度 - 西太平洋海域，我国主要分布于东海和南海。

十九、鲈形目

231. 丝尾鼻鱼 *Naso vlamingii* (Valenciennes, 1835)

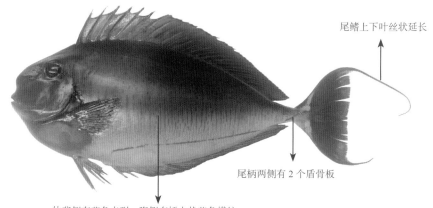

尾鳍上下叶丝状延长

尾柄两侧有 2 个盾骨板

体背侧有蓝色点列，腹侧有蠕虫状蓝色横纹

【别名】高鼻鱼、丝条盾尾鱼

【特征】背鳍VI-26 ~ 27；臀鳍II-26 ~ 29；胸鳍 16 ~ 19；腹鳍 I-3。

【习性】暖水性浅海岩礁鱼类。

【分布】主要分布于印度－西太平洋暖水海域，我国主要分布于东海和南海。

232. 大鲟 *Sphyraena barracuda* (Edwards, 1771)

侧线上方有 20 余条横纹

下颌突出，长于上颌

成鱼尾鳍双凹形，尖端白色

【别名】巴拉金梭鱼、吹鱼

【特征】背鳍VI, 1 ~ 9；臀鳍II-7 ~ 8；侧线鳞 75 ~ 87。

【习性】暖水性中下层鱼类。

【分布】主要分布于各温热带海域，我国主要分布于东海和南海。

233. 倒牙魳 *Sphyraena putnamae* Jordan & Seale, 1905

下颌突出，长于上颌

体侧有许多延伸至腹部的"<"形暗色横带

【别名】布氏魳、竹针鱼

【特征】背鳍Ⅴ, 1 ～ 9；臀鳍Ⅱ-8；侧线鳞 124 ～ 134。

【习性】暖水性中下层鱼类，栖息于内湾浅水海域。

【分布】主要分布于印度－西太平洋暖水海域，我国主要分布于东海和南海。

234. 钝魳 *Sphyraena obtusata* Cuvier, 1829

吻稍平扁，下颌较钝

体背侧灰褐色，腹侧银白色

前鳃盖骨后下角有一片突

【别名】针梭、竹针鱼、竹签

【特征】背鳍Ⅴ, Ⅰ-9；臀鳍Ⅱ-8；侧线鳞 82 ～ 87。

【习性】暖水性中下层鱼类，栖息于内湾浅水海域。

【分布】主要分布于印度－西太平洋暖水海域，我国主要分布于南海。

235. 棘鳞蛇鲭 *Ruvettus pretiosus* Cocco, 1833

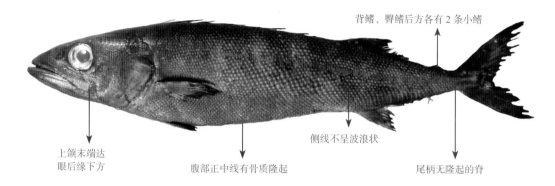

背鳍、臀鳍后方各有 2 条小鳍

侧线不呈波浪状

尾柄无隆起的脊

上颌末端达
眼后缘下方

腹部正中线有骨质隆起

【别名】蔷薇带鲭、台氏棘鳞蛇鲭、油鱼、细鳞仔

【特征】背鳍XⅢ～XV, 16 ～ 20+2；臀鳍Ⅱ-15 ～ 18+2；胸鳍 13 ～ 15；腹鳍 I-5。

【习性】大洋中下层洄游鱼类。

【分布】主要分布于太平洋、印度洋、大西洋热带和亚热带海域，我国主要分布于东海
和南海。

236. 沙带鱼 *Lepturacanthus savala* (Cuvier, 1829)

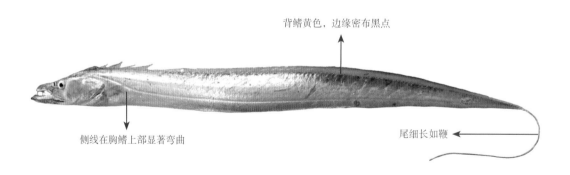

背鳍黄色，边缘密布黑点

侧线在胸鳍上部显著弯曲

尾细长如鞭

【别名】珠带、黄带、乌目、牙带、带鱼、马鬃鱼、锡带

【特征】背鳍XXXIV-110 ～ 131；臀鳍74 ～ 80；胸鳍11 ～ 12。

【习性】暖水性近海中上层鱼类，栖息于沙泥底质海域。

【分布】主要分布于印度洋北部沿岸海域，我国主要分布于东海和南海。

237. 狭颅带鱼 *Tentoriceps cristatus* (Klunzinger, 1884)

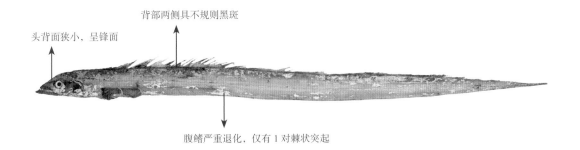

头背面狭小, 呈锋面

背部两侧具不规则黑斑

腹鳍严重退化, 仅有 1 对棘状突起

【别名】中华窄颅带鱼、窄颅带鱼、窄额带鱼、中华拟窄颅带鱼

【特征】背鳍V-126 ～ 144；胸鳍11；腹鳍Ⅰ。

【习性】近海中下层鱼类, 栖息于沙泥底质海域。

【分布】主要分布于印度－西太平洋暖水海域, 我国主要分布于东海和南海。

238. 短带鱼 *Trichiurus brevis* Wang & You, 1992

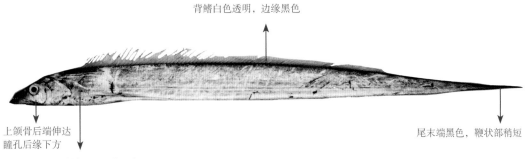

背鳍白色透明, 边缘黑色

上颌骨后端伸达
瞳孔后缘下方

侧线在胸鳍上方显著下弯

尾末端黑色, 鞭状部稍短

【别名】琼带鱼、刀鱼、带鱼

【特征】背鳍133 ～ 146, 臀鳍108 ～ 110, 胸鳍10 ～ 12。

【习性】暖温性中下层洄游鱼类, 喜集群。

【分布】主要分布于西太平洋海域, 我国主要分布于东海和南海。

十九、鲈形目

239. 高鳍带鱼 *Trichiurus lepturus* Linnaeus, 1758

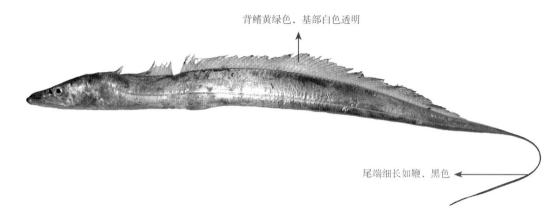

背鳍黄绿色，基部白色透明

尾端细长如鞭，黑色

【别名】带鱼、白带鱼、牙带、带鱼、马鬃鱼、锡带

【特征】背鳍 133 ～ 146；臀鳍 108 ～ 110；胸鳍 10 ～ 12。

【习性】暖水域中下层洄游鱼类，具群集性。

【分布】主要分布于印度－西太平洋温热带海域，我国沿海均有分布。

240. 南海带鱼 *Trichiurus nanhaiensis* Wang & Xu, 1992

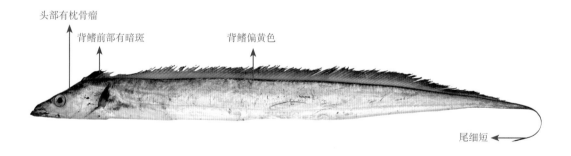

头部有枕骨瘤

背鳍前部有暗斑

背鳍偏黄色

尾细短

【别名】珠带鱼、白带鱼、瘦带

【特征】背鳍 132 ～ 139；臀鳍 103 ～ 111；胸鳍 11。

【习性】近海中下层鱼类，栖息于沙泥底质海域。

【分布】主要分布于印度－西太平洋海域，我国主要分布于南海。

241. 沙氏刺鲅 *Acanthocybium solandri* (Cuvier, 1832)

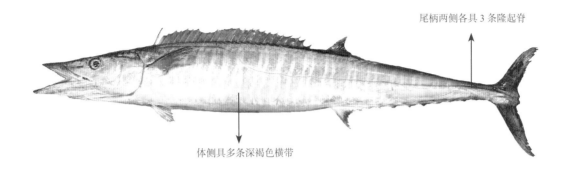

尾柄两侧各具 3 条隆起脊

体侧具多条深褐色横带

【别名】刺鲅、棘鳍、马鲛

【特征】背鳍 XXⅢ～XXⅧ, 12～16+8～9；臀鳍 12～14+8～9；胸鳍 23～24；腹鳍 I-5。

【习性】大洋洄游鱼类，具群游性。

【分布】主要分布于世界各热带亚热带海域，我国主要分布于东海和南海。

242. 鲔 *Euthynnus affinis* (Cantor, 1849)

体背有许多黑色斜线

胸部无鳞区具 3～5 个
蓝黑色圆点

【别名】杜仲、倒串、东方鲔、巴鲔、白卜、三点仔

【特征】背鳍 XV～XⅦ, 12～14+7～8；臀鳍 12～14+7；胸鳍 25～27；腹鳍 I-5。

【习性】近海洄游鱼类，栖息于中上水层海域。

【分布】主要分布于印度－西太平洋暖水海域，我国主要分布于东海和南海。

243. 裸狐鲣 *Gymnosarda unicolor* (Rüppell, 1836)

两背鳍相距较近

体背青灰色，腹侧浅色，无斑点和线纹

侧线呈波浪状

【别名】狗牙杜仲、裸鲹、大梳齿、长翼、白甘、炮弹

【特征】背鳍XIII ～ XV, 12 ～ 14+6 ～ 7；臀鳍 12 ～ 13+6；胸鳍 25 ～ 28；腹鳍 I-5。

【习性】大洋洄游鱼类，栖息于珊瑚礁海域。

【分布】主要分布于印度 - 西太平洋暖水海域，我国主要分布于东海和南海。

244. 鲣 *Katsuwonus pelamis* (Linnaeus, 1758)

体背部无明显斑纹

侧线在第二背鳍起点下方呈波形弯曲

体侧腹部有 4 条以上褐色纵带

【别名】正鲣、杜仲、倒串、炮弹、烟仔虎、肥烟

【特征】背鳍XIII ～ XV, 12 ～ 14+8；臀鳍 II-13 ～ 15+6 ～ 7；腹鳍 I-5。

【习性】近海洄游鱼类，栖息于中上水层。

【分布】主要分布于太平洋、印度洋、大西洋温热带海域，我国主要分布于东海和南海。

245. 羽鳃鲐 *Rastrelliger kanagurta* (Cuvier, 1816)

鳃耙长而扁，
呈羽毛状

胸鳍内缘有一黑斑　　　体侧有多条黄色纵线

【别名】金带花鲭、短翅习鳃鲐、花鲛、白柄子、白面鱼、姑婆头

【特征】背鳍Ⅸ～Ⅺ, 11～13+5；臀鳍 12+5；胸鳍 19～22；腹鳍 I-5。

【习性】近海洄游鱼类，栖息于中上水层。

【分布】主要分布于印度-西太平洋暖水海域，我国主要分布于东海和南海。

246. 日本鲭 *Scomber japonicus* Houttuyn, 1782

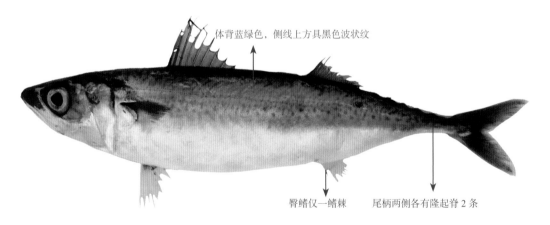

体背蓝绿色，侧线上方具黑色波状纹

臀鳍仅一鳍棘　　　尾柄两侧各有隆起脊 2 条

【别名】日本鲐、白腹鲭、花飞、花鲹、花鲛、青辉、青花

【特征】背鳍Ⅸ～Ⅹ, I-11～12+5；臀鳍 I, 11～12+5；胸鳍 20～21；腹鳍 I-5。

【习性】沿海洄游鱼类，栖息于中上水层。

【分布】主要分布于太平洋、印度洋、大西洋亚热带和温带海域，我国沿海均有分布。

247. 康氏马鲛 *Scomberomorus commerson* (Lacepède, 1800)

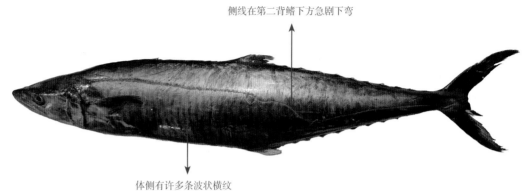

侧线在第二背鳍下方急剧下弯

体侧有许多条波状横纹

【别名】泥鲛、鲛鱼、鲅鱼、马加、梭齿、竹鲛、马高鱼

【特征】背鳍 XV ～ XVIII, 15 ～ 20+8 ～ 10; 臀鳍 16 ～ 21+8 ～ 9; 胸鳍 21 ～ 24; 腹鳍 I-5。

【习性】近海洄游鱼类, 栖息于中上水层。

【分布】主要分布于西太平洋暖水海域, 我国主要分布于东海和南海。

----

248. 蓝点马鲛 *Scomberomorus niphonius* (Cuvier, 1832)

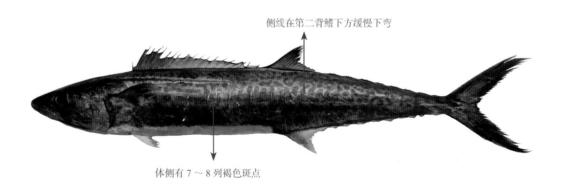

侧线在第二背鳍下方缓慢下弯

体侧有 7 ～ 8 列褐色斑点

【别名】日本马鲛、蓝点鲅、竹鲛、尖头马加、鲅鱼、花鲛

【特征】背鳍 XIX ～ XXI, 15 ～ 19+7 ～ 9; 臀鳍 16 ～ 20+6 ～ 9; 胸鳍 21 ～ 23; 腹鳍 I-5。

【习性】近海洄游鱼类, 栖息于中上水层。

【分布】主要分布于西北太平洋暖水海域, 我国沿海均有分布。

249. 黄鳍金枪鱼 *Thunnus albacares* (Bonnaterre, 1788)

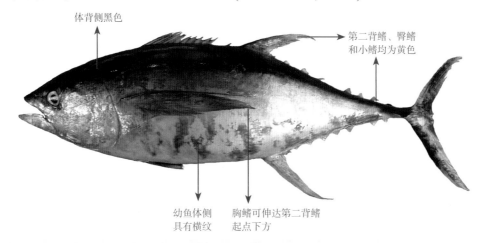

体背侧黑色

第二背鳍、臀鳍
和小鳍均为黄色

幼鱼体侧
具有横纹

胸鳍可伸达第二背鳍
起点下方

【别名】黄鳍杜仲、黑肉、黄奇串、鱼串子、黄鳍鲔

【特征】背鳍XII～XIV, 14～15+8～9；臀鳍 14～15+8～9；胸鳍 32～35；腹鳍 I-5。

【习性】大洋洄游鱼类，栖息于中上水层。

【分布】主要分布于太平洋、印度洋、大西洋温热带海域，我国主要分布于东海和南海。

250. 刺鲳 *Psenopsis anomala* (Temminck & Schlegel, 1844)

鳃盖后上方有一大黑斑

尾鳍后缘
具黑缘

脸颊无鳞

【别名】瓜子鲳、瓜子鲹、肉鱼、蛏鲳、南鲳、瓜核、玉鲳、海仓

【特征】背鳍VI～VII-27～33；臀鳍III-25～28；胸鳍 20～22；腹鳍 I-5。

【习性】暖水性底层鱼类，栖息于沙泥底质海域。

【分布】主要分布于西太平洋暖水海域，我国主要分布于黄海、东海和南海。

十九、鲈形目

251. 银鲳 *Pampus argenteus* (Euphrasen, 1788)

各鳍略带黄色及淡墨色边缘

前鳃盖骨边缘不游离

背鳍、臀鳍有延长鳍条

【别名】白鲳、正鲳、白鲹、平鱼、车片鱼、镜鱼、鲳鱼、劈鲳

【特征】背鳍Ⅹ-41～44；臀鳍Ⅶ～Ⅷ-41～43；胸鳍22～24。

【习性】暖水性中下层鱼类，栖息于沙泥底质海域。

【分布】主要分布于印度－西太平洋海域，我国主要分布于东海和南海。

252. 中国鲳 *Pampus chinensis* (Euphrasen, 1788)

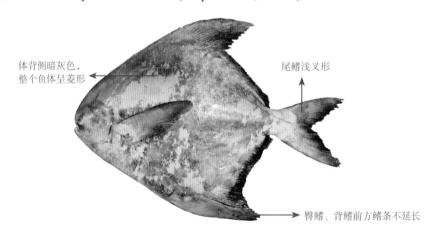

体背侧暗灰色，
整个鱼体呈菱形

尾鳍浅叉形

臀鳍、背鳍前方鳍条不延长

【别名】白鲳、灰鲹、劈鲳

【特征】背鳍Ⅴ～Ⅵ-41～46；臀鳍Ⅲ-40～41；胸鳍21。

【习性】暖水性中下层鱼类，栖息于大陆架沙泥底质海域。

【分布】主要分布于印度－西太平洋暖水海域，我国主要分布于东海和南海。

253. 灰鲳 *Pampus cinereus* (Bloch, 1795)

各鳍黑色

尾鳍下叶显著延长

臀鳍前部鳍条可伸达尾鳍基部

【别名】燕尾鲳、暗鲳、燕鲓、长尾鲓、其鲳

【特征】背鳍Ⅵ～Ⅸ-38～43；臀鳍Ⅴ～Ⅵ-38～43；胸鳍22～23。

【习性】暖水性中下层鱼类，主要栖息于大陆架沙泥底质海域。

【分布】主要分布于印度－西太平洋海域，我国主要分布于黄海、东海和南海。

二十、鲽形目

254. 漠斑牙鲆 *Paralichthys lethostigma* Jordan & Gilbert, 1884

体褐色，散布
不规则斑点

尾鳍双截形，有暗斑

【别名】南方鲆

【特征】背鳍80～95；臀鳍63～74；胸鳍11～13。

【习性】广盐种，可生活于咸淡水水域。

【分布】主要分布于大西洋沿海，为我国引进的养殖种类，在我国沿海有逃逸种群。

255. 桂皮斑鲆 *Pseudorhombus cinnamoneus* (Temminck & Schlegel, 1846)

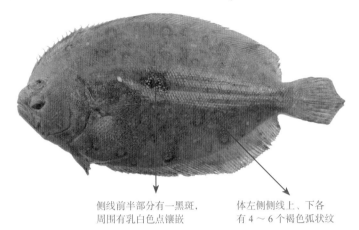

侧线前半部分有一黑斑，
周围有乳白色点镶嵌

体左侧侧线上、下各
有 4～6 个褐色弧状纹

【别名】柠檬斑鲆、鲽、皇帝鱼、比目鱼、半边鱼、版鱼

【特征】背鳍 80～85；臀鳍 61～67；胸鳍 11～13；侧线鳞 75～85。

【习性】暖温性底层鱼类，栖息于沙泥底质近海海域。

【分布】主要分布于西北太平洋温水海域，我国沿海均有分布。

256. 少牙斑鲆 *Pseudorhombus oligodon* (Bleeker, 1854)

侧线弯折处有一暗褐色眼斑

鳃孔后缘有小黑点

【别名】贫齿扁鱼、比目鱼、稀齿斑鲆、地鱼、鲽、版鱼、铁斧

【特征】背鳍 78～82；臀鳍 61～64；胸鳍 12～13；侧线鳞 80～85。

【习性】暖水性底层鱼类，栖息于沙泥底质浅海海域。

【分布】主要分布于西北太平洋温热带海域，我国主要分布于南海和东海。

257. 五目斑鲆 *Pseudorhombus quinquocellatus* Weber & de Beaufort, 1929

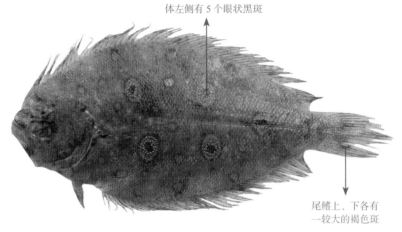

体左侧有 5 个眼状黑斑

尾鳍上、下各有
一较大的褐色斑

【别名】五点斑鲆、比目鱼、鲽、版鱼、扁鱼

【特征】背鳍 68～72；臀鳍 52～56；胸鳍 12；侧线鳞 74～78。

【习性】暖水性底层鱼类，栖息于近岸内湾沙泥底质海域。

【分布】主要分布于印度－西太平洋海域，我国主要分布于东海和南海。

258. 青缨鲆 *Crossorhombus azureus* (Alcock, 1889)

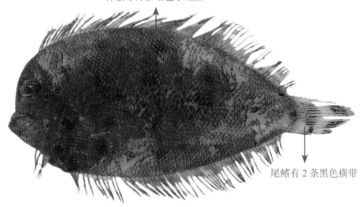

体散布许多暗色小斑点

尾鳍有 2 条黑色横带

【别名】比目鱼、鲽、版鱼、扁鱼、半边鱼、兰缨鲆

【特征】背鳍 87～91；臀鳍 68～71；胸鳍 12～13；侧线鳞 52～59。

【习性】暖水性底层鱼类，栖息于沙泥底质近海海域。

【分布】主要分布于印度－西太平洋暖水海域，我国主要分布于东海和南海。

二十、鲽形目

259. 黑斑圆鳞鳎 *Liachirus melanospilos* (Bleeker, 1854)

各鳍淡黄色，散布
褐色斑和小黑点

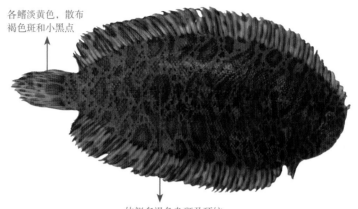

体侧多褐色杂斑及环纹

【别名】黑点圆鳞鳎、贴沙鱼、挞沙鱼、鳎沙、龙舌、比目鱼

【特征】背鳍 59 ～ 62；臀鳍 42 ～ 47；腹鳍 5；侧线鳞 66 ～ 77。

【习性】暖水性底层鱼类，栖息于沙泥底质海域。

【分布】主要分布于印度 - 西太平洋暖水海域，我国主要分布于东海和南海。

260. 眼斑豹鳎 *Pardachirus pavoninus* (Lacepède, 1802)

体侧散布棕黑色细环纹，环内有棕褐色小点

背鳍、臀鳍不与尾鳍相连

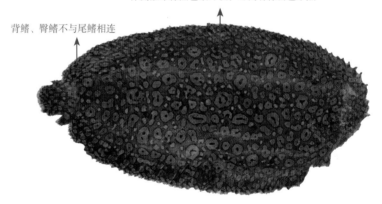

【别名】比目鱼、龙舌、鳎沙、拟无鳍鳎、南鳎沙

【特征】背鳍 66 ～ 70；臀鳍 50 ～ 53；胸鳍 7 ～ 9；腹鳍 4；侧线鳞 99 ～ 105。

【习性】暖水性底层鱼类，栖息于珊瑚礁和沙底质海域。

【分布】主要分布于印度 - 西太平洋热带海域，我国主要分布于东海和南海。

261. 卵鳎 *Solea ovata* Richardson, 1846

有眼侧散布黑色小点

胸鳍黑色

【别名】龙舌、比目鱼、土龟母、猫利、稔叶

【特征】背鳍 56～65；臀鳍 44～48；胸鳍 7～8；腹鳍 5；侧线鳞 88～92。

【习性】暖水性底层鱼类，栖息于沙泥底质海域。

【分布】主要分布于印度－西太平洋海域，我国主要分布于东海和南海。

262. 峨眉条鳎 *Zebrias quagga* (Kaup, 1858)

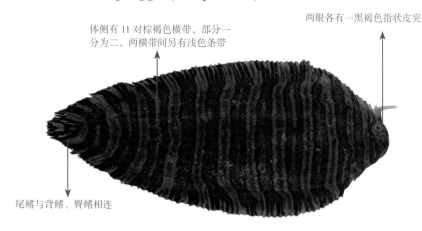

体侧有 11 对棕褐色横带，部分一
分为二，两横带间另有浅色条带

两眼各有一黑褐色指状皮突

尾鳍与背鳍、臀鳍相连

【别名】格条鳎、匡格条鳎、鳎沙、贴沙鱼、挞沙鱼、瓜格斑鳎沙、版鱼

【特征】背鳍 63～70；臀鳍 53～58；胸鳍 6～8；腹鳍 4；侧线鳞 83～87。

【习性】暖水性底层鱼类，栖息于沙泥底质浅海海域。

【分布】主要分布于印度－西太平洋暖水海域，我国主要分布于东海和南海。

二
十
、
鲽
形
目

263. 条鳎 *Zebrias zebra* (Bloch, 1787)

尾鳍黑褐色，有弧状黄斑

尾鳍与背鳍、臀鳍完全相连

体侧有 12 对黑褐环带或
20 ～ 23 条横带，于鳍条处颜色变黑

【别名】带纹条鳎、花斑条鳎、比目鱼、花鳎沙、贴沙鱼、挞沙鱼、版鱼

【特征】背鳍 68 ～ 82；臀鳍 56 ～ 70；胸鳍 7 ～ 9；腹鳍 4；侧线鳞 87 ～ 110。

【习性】暖温性底层鱼类，栖息于沙泥底质海域。

【分布】主要分布于印度 - 西太平洋暖水海域，我国沿海均有分布。

264. 双线舌鳎 *Cynoglossus bilineatus* (Lacepède, 1802)

侧线间鳞 15 ～ 17 纵行

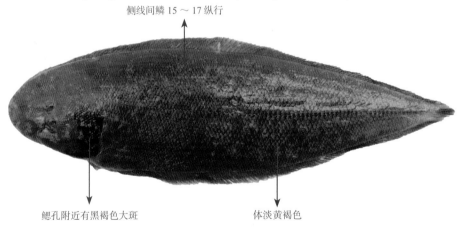

鳃孔附近有黑褐色大斑

体淡黄褐色

【别名】龙利、塔沙、牛舌鱼、草鞋鱼、贴沙鱼、鳎沙鱼、版鱼、鞋底鱼

【特征】背鳍 107 ～ 119；臀鳍 86 ～ 95；腹鳍 4；侧线鳞 82 ～ 92。

【习性】暖水性底层鱼类，栖息于近岸沙泥底质海域，可进入河口区。

【分布】主要分布于印度 - 西太平洋暖水海域，我国主要分布于东海和南海。

265. 寡鳞舌鳎 *Cynoglossus oligolepis* (Bleeker, 1854)

侧线间鳞 8 ～ 9 纵行

体侧鳞片边缘多呈暗褐色月牙状

【别名】少鳞舌鳎、龙利、鞋底鱼、贴沙鱼、鳎沙鱼、版鱼

【特征】背鳍 120 ～ 129；臀鳍 85 ～ 97；腹鳍 4。

【习性】暖水性底层鱼类，栖息于近岸沙泥底质海域。

【分布】主要分布于印度 - 西太平洋暖水海域，我国主要分布于东海和南海。

266. 斑头舌鳎 *Cynoglossus puncticeps* (Richardson, 1846)

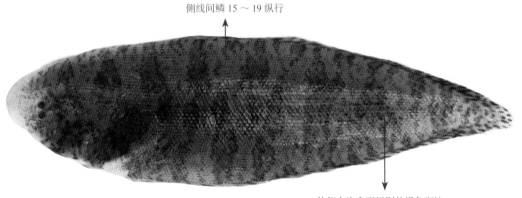

侧线间鳞 15 ～ 19 纵行

体侧有许多不规则的褐色斑纹

【别名】黑斑鞋底鱼、牛舌、龙舌、龙利、花舌、金边鳎沙、黑点鳎沙

【特征】背鳍 96 ～ 102；臀鳍 74 ～ 79；腹鳍 4；侧线鳞 85 ～ 90。

【习性】暖水性底层鱼类，栖息于近海内湾，也可生活于淡水。

【分布】主要分布于印度 - 西太平洋暖水海域，我国主要分布于东海和南海。

二十、鲽形目

267. 黑鳃舌鳎 *Cynoglossus roulei* Wu, 1932

侧线间鳞 19 ～ 22 纵行

鳃盖有黑褐色云状大斑   体侧淡棕褐色，有不规则的黑褐色斑

【别名】罗氏舌鳎、龙利、鞋底鱼、贴沙鱼、鳎沙鱼、版鱼

【特征】背鳍 120 ～ 127；臀鳍 92 ～ 99；腹鳍 4。

【习性】暖水性底层鱼类。

【分布】主要分布于西北太平洋海域，我国主要分布于东海和南海。

268. 双线须鳎 *Paraplagusia bilineata* (Bloch, 1787)

体浅褐色，有不规则圆斑

吻钩延伸至眼下缘后方与鳃孔之间   臀鳍、背鳍和尾鳍相连

【别名】长钩须鳎、台湾须鳎、牛舌、龙利、鞋底鱼、贴沙鱼、鳎沙鱼、版鱼

【特征】背鳍 96 ～ 118；臀鳍 80 ～ 92；腹鳍 4；侧线鳞 90 ～ 117。

【习性】暖水性底层鱼类，栖息于近岸沙泥底质海域，可进入河口区。

【分布】主要分布于印度 - 西太平洋暖水海域，我国主要分布于东海和南海。

二十一、鲀形目

269. 单角革鲀 *Aluterus monoceros* (Linnaeus, 1758)

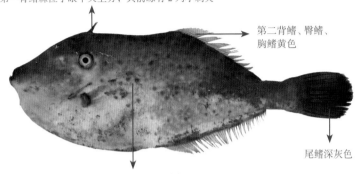

第一背鳍棘位于眼中央上方，其前缘有 2 列小刺突

第二背鳍、臀鳍、胸鳍黄色

尾鳍深灰色

体灰褐色，有不规则暗斑

【别名】剥皮鱼、皮鱼、万牛、马面鱼、一目连、牛鳂

【特征】背鳍Ⅱ，47 ～ 52；臀鳍 48 ～ 52；胸鳍 14 ～ 15。

【习性】暖水性底层鱼类，有集群洄游习性。

【分布】主要分布于太平洋、印度洋温热带海域，我国主要分布于黄海、东海和南海。

270. 日本副单角鲀 *Paramonacanthus japonicus* (Tilesius, 1809)

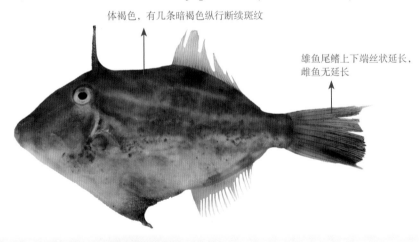

体褐色，有几条暗褐色纵行断续斑纹

雄鱼尾鳍上下端丝状延长，雌鱼无延长

【别名】日本前刺单角鲀、剥皮鱼、沙鳂

【特征】背鳍Ⅱ，24 ～ 31；臀鳍 24 ～ 31；胸鳍 12 ～ 13。

【习性】暖水性中下层鱼类，栖息于沙泥底质海域。

【分布】主要分布于印度－西太平洋暖水海域，我国主要分布于东海和南海。

二十一、鲀形目

271. 黄鳍马面鲀 *Thamnaconus hypargyreus* (Cope, 1871)

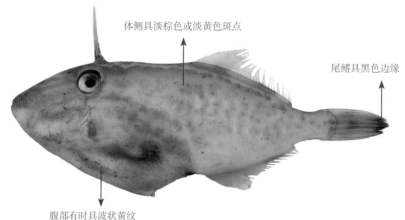

体侧具淡棕色或淡黄色斑点

尾鳍具黑色边缘

腹部有时具波状黄纹

【别名】剥皮鱼、剥皮牛、圆腹短角单棘鲀、沙鳁

【特征】背鳍Ⅱ, 32 ～ 33；臀鳍 32 ～ 33；胸鳍 13 ～ 14。

【习性】暖水性底层洄游鱼类，喜群集。

【分布】主要分布于印度－西太平洋海域，我国主要分布于东海和南海。

272. 黑鳃兔头鲀 *Lagocephalus inermis* (Temminck & Schlegel, 1850)

背鳍基部有黑斑

腹部有多行纵行细沟

体背黄棕色，腹部乳白色

【别名】鸡泡、光兔鲀、规仔、滑背河鲀、粉底乖、面乖

【特征】背鳍 11 ～ 14；臀鳍 10 ～ 12；胸鳍 16 ～ 18。

【习性】暖温性底层鱼类。

【分布】主要分布于印度－西太平洋暖水海域，我国主要分布于黄海、东海和南海。

273. 棕斑兔头鲀 *Lagocephalus spadiceus* (Richardson, 1845)

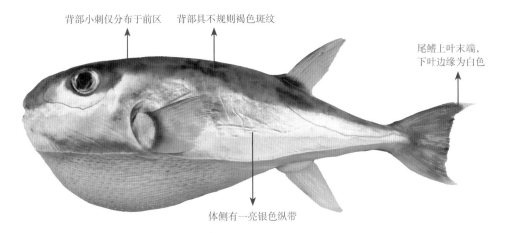

背部小刺仅分布于前区　背部具不规则褐色斑纹

尾鳍上叶末端，下叶边缘为白色

体侧有一亮银色纵带

【别名】棕腹刺鲀、鸡泡、白鲭河鲀、青皮乖

【特征】背鳍 12 ～ 13；臀鳍 11 ～ 12。

【习性】暖温性底层鱼类，栖息于沙泥底质海域。

【分布】主要分布于印度 - 西太平洋暖水海域，我国主要分布于黄海、东海和南海。

274. 弓斑多纪鲀 *Takifugu ocellatus* (Linnaeus, 1758)

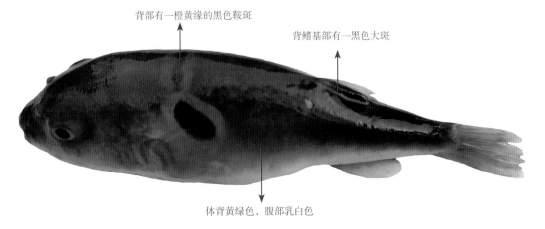

背部有一橙黄缘的黑色鞍斑

背鳍基部有一黑色大斑

体背黄绿色，腹部乳白色

【别名】弓斑东方鲀、眼斑河鲀、鸡泡

【特征】背鳍 13 ～ 15；臀鳍 12 ～ 13；胸鳍 16 ～ 18。

【习性】暖温性近海底层鱼类，亦可见于河口区。

【分布】主要分布于西太平洋海域，我国主要分布于东海和南海。

二十一、鲀形目

275. 大斑刺鲀 *Diodon liturosus* Shaw, 1804

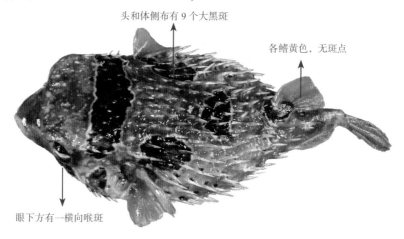

头和体侧布有 9 个大黑斑

各鳍黄色，无斑点

眼下方有一横向喉斑

【别名】九斑刺鲀、鸡泡布氏刺鲀、纹二齿鲀、柴氏刺鲀、刺规

【特征】背鳍 14 ～ 16；臀鳍 14 ～ 16；胸鳍 21 ～ 25。

【习性】暖水性底层鱼类，栖息于珊瑚礁或岩礁海域。

【分布】主要分布于印度 - 西太平洋温热带海域，我国主要分布于东海和南海。

二十二、虾类

276. 日本囊对虾 *Marsupenaeus japonicus* (Bate, 1888)

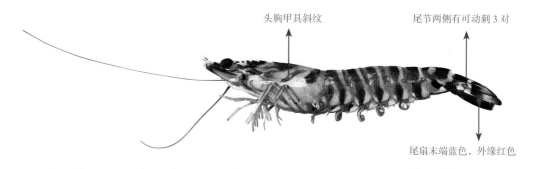

头胸甲具斜纹

尾节两侧有可动刺 3 对

尾扇末端蓝色，外缘红色

【别名】花虾、竹节虾、蓝尾虾、日本对虾

【特征】体表有暗棕色、浅土黄色和橙色横带相间排列；额角末端达第一触角柄末端；
　　　　上缘齿 6 ～ 11 枚，下缘齿 1 ～ 2 枚。

【习性】栖息于沙泥底质海域，具有较强的潜沙特性。

【分布】主要分布于日本北海道以南、东南亚、澳大利亚北部等海域，我国沿海均有分布。

277. 墨吉明对虾 *Fenneropenaeus merguiensis* (de Man, 1888)

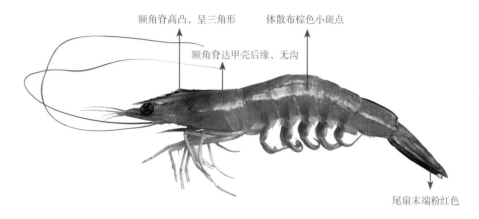

额角脊高凸, 呈三角形　　　体散布棕色小斑点

额角脊达甲壳后缘, 无沟

尾扇末端粉红色

【别名】大白虾、明虾、黄虾

【特征】体表光滑, 壳薄透明。

【习性】栖息于沙泥底质海域。

【分布】主要分布于印度、巴基斯坦、印度尼西亚等海域, 我国主要分布于东海和南海。

278. 斑节对虾 *Penaeus monodon* Fabricius, 1798

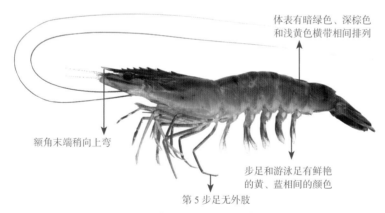

体表有暗绿色、深棕色
和浅黄色横带相间排列

额角末端稍向上弯

步足和游泳足有鲜艳
的黄、蓝相间的颜色

第 5 步足无外肢

【别名】草虾、花虾、鬼虾、虎虾

【特征】体背光滑, 壳稍厚; 额角长超过第一触角末端; 额角上缘有 5 ～ 9 枚齿, 下缘 1 ～ 4 枚齿; 成虾第二触角鞭无相间的斑纹。

【习性】栖息于沙泥底质海域。

【分布】主要分布于非洲南部、印度等海域, 我国主要分布于东海和南海。

二十二、虾类

279. 长毛明对虾 *Fenneropenaeus penicillatus* (Alcock, 1905)

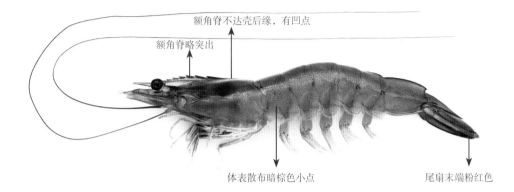

额角脊不达壳后缘，有凹点

额角脊略突出

体表散布暗棕色小点

尾扇末端粉红色

【别名】明虾、红尾虾、多毛对虾、长毛对虾、红虾

【特征】甲壳薄而透明，表面光滑；额角和体背面的脊暗红色，边缘深褐色；尾肢后半部草绿色；额角上缘具 7 ～ 9 枚齿，下缘有 4 ～ 5 枚齿。

【习性】栖息于沙泥底质海域。

【分布】主要分布于印度－西太平洋海域，我国主要分布于东海和南海。

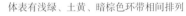

280. 短沟对虾 *Penaeus semisulcatus* de Haan, 1844

体表有浅绿、土黄、暗棕色环带相间排列

第二触角鞭红白相间

步足具紫色和土黄色环纹，腹肢紫红色

【别名】赤脚虾、花虾、竹节虾

【特征】体表褐色或红褐色；体表光滑，壳薄；额角上缘 6 ～ 8 枚齿，下缘 2 ～ 4 枚齿；尾节末端无侧刺。

【习性】栖息于近岸沙泥底质海域。

【分布】主要分布于南非、东非、日本、马来西亚等海域，我国主要分布于东海和南海。

281. 凡纳滨对虾 *Litopenaeus vannamei* (Boone, 1931)

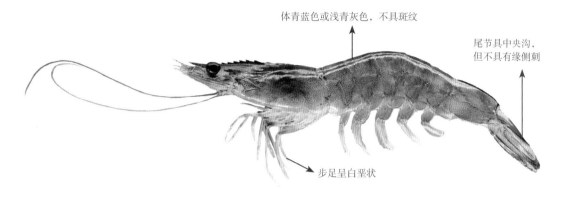

体青蓝色或浅青灰色，不具斑纹

尾节具中央沟，但不具有缘侧刺

步足呈白垩状

【别名】南美白对虾

【特征】甲壳较薄；额角尖端的长度不超出第 1 触角柄的 2 节，上缘 5 ～ 9 枚齿，下缘 2 ～ 4 枚齿。

【习性】主要栖息于近岸沙泥底质海域。

【分布】原产于南美太平洋沿岸海域，为我国主要养殖种类，现我国沿海均有分布。

282. 刀额新对虾 *Metapenaeus ensis* (de Haan, 1844)

第二触角鞭红色

尾扇末缘稍带红色

步足淡黄色和淡紫色相间

【别名】沙虾、基围虾、泥虾

【特征】体浅黄褐色，散布墨绿色或暗褐色斑点；额角伸直第一触角柄第 3 节，上缘 6 ～ 10 枚齿。

【习性】对底质的选择不明显，在近岸沙泥底质海域广泛分布。

【分布】主要分布于印度 - 西太平洋海域，我国主要分布于东海和南海。

二十二、虾类

283. 周氏新对虾 *Metapenaeus joyneri* (Miers, 1880)

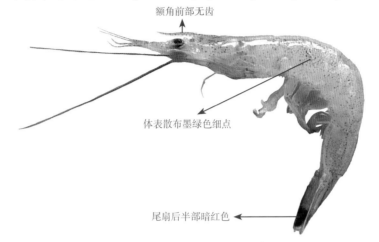

额角前部无齿

体表散布墨绿色细点

尾扇后半部暗红色

【别名】黄虾、黄其米、麻虾

【特征】甲壳薄，淡绿色；腹肢淡黄色；第二触角鞭呈红色。

【习性】主要栖息于近岸沙泥底质海域。

【分布】主要分布于日本、朝鲜等海域，我国主要分布于东海和南海。

284. 须赤虾 *Metapenaeopsis barbata* (de Haan, 1844)

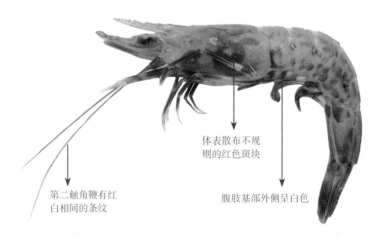

体表散布不规
则的红色斑块

第二触角鞭有红
白相间的条纹

腹肢基部外侧呈白色

【别名】花虾、火烧虾、厚壳虾、土虾

【特征】甲壳厚，粗糙，有绒毛；额角较短，平直或稍上扬。

【习性】主要栖息于软泥或细沙底质海域，对温盐适应能力强。

【分布】主要分布于马来西亚、菲律宾等海域，我国主要分布于东海和南海。

285. 波纹龙虾 *Panulirus homarus* (Linnaeus, 1758)

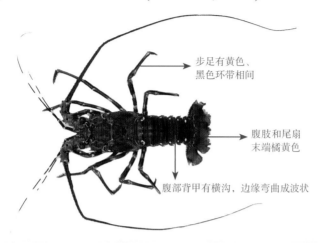

步足有黄色、黑色环带相间

腹肢和尾扇末端橘黄色

腹部背甲有横沟，边缘弯曲成波状

【别名】花纹龙虾

【特征】体表草绿色；眼上角具黑色、白色环带；触角板有 2 对棘，中央小刺发达。

【习性】主要栖息于水质稍浑浊的岩礁及沙泥底质海域。

【分布】主要分布于印度－西太平洋海域，我国主要分布于东海和南海。

286. 锦绣龙虾 *Panulirus ornatus* (Fabricius, 1798)

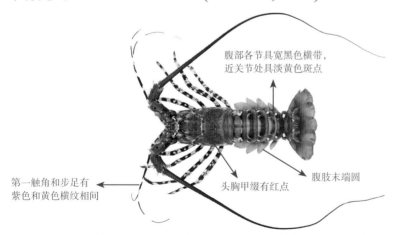

腹部各节具宽黑色横带，近关节处具淡黄色斑点

第一触角和步足有紫色和黄色横纹相间

头胸甲缀有红点

腹肢末端圆

【别名】花龙虾、龙虾王、青壳仔

【特征】体表蓝绿色；触角板具 2 对大刺，中间有 1 对小刺；腹节背板无横沟。

【习性】常生活于珊瑚礁外围的斜面或较深的海底石缝中。

【分布】主要分布于印度－西太平洋海域，我国主要分布于东海和南海。

二十二、虾类

143

287. 中国龙虾 *Panulirus stimpsoni* Holthuis, 1963

第一触角和步足有浅白色条纹相间

腹部第 2 ～ 6 节背甲左右两侧各有
一较宽的横凹陷，内生有短毛

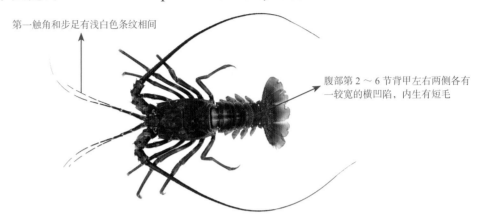

【别名】龙虾、金门龙虾、斯氏龙虾

【特征】体橄榄色，眼上角具褐色和黄白色环带；头胸甲和第二触角表面有许多粗短而
尖锐的棘刺。

【习性】栖息于浅海岩礁或珊瑚礁之间。

【分布】主要分布于越南沿海及泰国湾等海域，我国主要分布于东海和南海。

288. 九齿扇虾 *Ibacus novemdentatus* Gibbes, 1850

各腹节侧甲呈刀形

尾节宽大于长

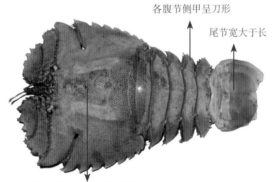

胸甲中间脊上有 4 个明显的突起

【别名】大团扇虾、琵琶虾、虾排

【特征】体表红褐色，参杂有红褐色斑；尾扇浅黄褐色；头胸甲前缘中间呈一棘状突起，
后侧缘具 7 ～ 8 枚齿。

【习性】栖息于沙泥底质大陆架平坦海域，常潜伏在海底的浅沙中。

【分布】主要分布于日本沿岸海域，我国主要分布于东海和南海。

289. 东方扁虾 *Thenus orientalis* (Lund, 1793)

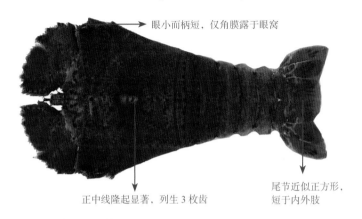

眼小而柄短，仅角膜露于眼窝

正中线隆起显著，列生 3 枚齿

尾节近似正方形，
短于内外肢

【别名】虾排

【特征】头胸甲背腹扁平，呈倒梯形，表面粗糙布有颗粒；前额板的前缘有 1 对巨大的棘；
眼窝的上、下缘各具 3 枚齿。

【习性】栖息于大陆架软泥或碎沙底质海域。

【分布】主要分布于印度 - 西太平洋热带亚热带海域，我国主要分布于东海和南海。

二十三、虾蛄类

290. 日本猛虾蛄 *Harpiosquilla japanica* Manning, 1969

尾柄中央脊两边
有 1 对深色斑点

第六腹节的亚
中央脊深绿色

【别名】草猴、草猴蛄

【特征】体背浅褐青色；头胸甲具中央脊，但不分叉。

【习性】主要栖息于沙泥底质浅海海域，对深度及温盐适应范围广。

【分布】主要分布于印度 - 西太平洋海域，我国主要分布于东海和南海。

291. 断脊口虾蛄 *Oratosquilla interrupta* (Kemp, 1911)

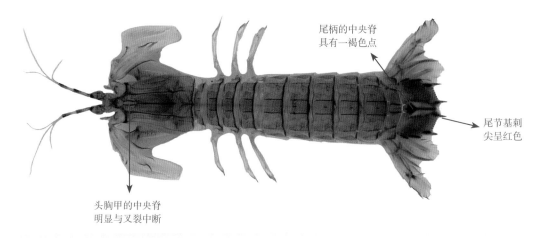

尾柄的中央脊具有一褐色点

尾节基刺尖呈红色

头胸甲的中央脊明显与叉裂中断

【别名】虾耙子、螳螂虾

【特征】体背浅橄榄绿色；头胸甲沟深绿色；体节后缘深绿色；尾节的外肢黄色。

【习性】栖息于浅海泥或沙泥底质海底。

【分布】主要分布于波斯湾以东至越南，我国沿海均有分布。

292. 长叉口虾蛄 *Oratosquilla nepa* (Latreille, 1828)

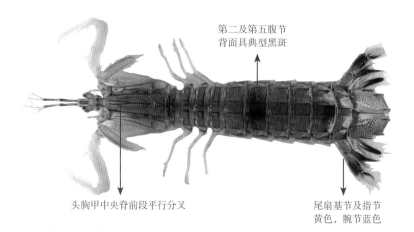

第二及第五腹节背面具典型黑斑

头胸甲中央脊前段平行分叉

尾扇基节及指节黄色，腕节蓝色

【别名】皮皮虾、濑尿虾

【特征】体浅灰色；尾节宽稍大于长，具1条中央纵脊；腹部背面具4条纵脊。

【习性】栖息于泥或沙泥底质浅海海域。

【分布】主要分布于印度-西太平洋海域，我国沿海均有分布。

293. 口虾蛄 *Oratosquilla oratoria* (de Haan, 1844)

尾扇黄色，略带蓝点

尾节基刺短，红棕色

头胸甲中央脊平行分叉部分较短

【别名】虾耙子、濑尿虾、螳螂虾

【特征】雄性胸部最后 1 对步足内侧有 1 对棒状交接器，雌性生殖期胸部第 6～8 胸节腹面有白色王字形胶质腺。

【习性】栖息于近海沙泥底质海域。

【分布】主要分布于日本北海道、朝鲜半岛等海域，我国沿海均有分布。

二十四、蟹类

294. 卷折馒头蟹 *Calappa lophos* (Herbst, 1782)

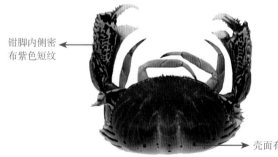

钳脚内侧密布紫色短纹

壳面有紫色斑点

【别名】虎斑蟹

【特征】壳隆起较高，宽度大于长度；壳面红棕色，光滑；壳面中部有 2 条纵沟，两侧有许多黄白色线纹。

【习性】栖息于近海泥沙、细沙或碎壳底。

【分布】主要分布于东京湾以南及印度洋，我国主要分布于东海和南海。

295. 逍遥馒头蟹 *Calappa philargius* (Linnaeus, 1758)

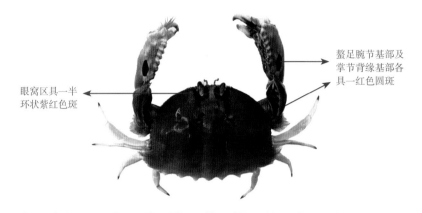

眼窝区具一半
环状紫红色斑

螯足腕节基部及
掌节背缘基部各
具一红色圆斑

【别名】眼斑馒头蟹

【特征】头胸甲宽，背部隆起高，具5纵列疣状突起；螯足粗壮，左右不对称，长节倒
三角形。

【习性】栖息于浅海泥沙、细沙或碎壳底。

【分布】主要分布于日本、韩国等海域，我国主要分布于东海和南海。

296. 锯缘青蟹 *Scylla serrata* (Forskål, 1755)

螯足前端有色斑，
尖端橙黄色

体暗黄绿色

步足和螯足均
有黄绿色网纹

【别名】膏蟹、青蟹、黄甲蟹、蝤蛑

【特征】头胸甲密生细微颗粒；前侧缘有9枚齿，最后1枚相对较大；第四步足无齿，
有刚毛。

【习性】栖息于河口及浅海沙泥或岩礁海域。

【分布】主要分布于印度-西太平洋海域，我国主要分布于东海和南海。

297. 矛形梭子蟹 *Portunus hastatoides* (Fabricius, 1798)

头胸甲前侧缘
有颗粒

头胸甲最后 1
枚齿明显较长

第四步足前端
有一圆斑

【别名】抒蟹、蟹仔

【特征】头胸甲密生刚毛，各部隆起；前侧缘共 9 枚齿；前额有 4 枚钝齿，中央额齿明显低于侧额齿。

【习性】主要栖息于沙底质或沙泥底质的浅海海域。

【分布】主要分布于印度－西太平洋海域，我国沿海均有分布。

298. 纤手梭子蟹 *Portunus gracilimanus* (Stimpson, 1858)

螯足长节内侧有 5 棘

腕节与掌节远比长节纤细

头胸甲表面具颗粒隆起脊

【别名】剑蟹、牛踏蟹

【特征】头胸甲表面隆起，具绒毛；前侧缘共 9 枚齿，最后 1 枚齿略长于其他各齿；前额有 4 枚大小相同的钝齿。

【习性】主要栖息于沙底质或沙泥底质浅海海域。

【分布】主要分布于澳大利亚、马来西亚等海域，我国主要分布于东海和南海。

二十四、蟹类

299. 拥剑梭子蟹 *Portunus haanii* (Stimpson, 1858)

螯足和头胸甲
橙红色，点缀
有暗红色颗粒 ←

→ 头胸甲前缘
有 9 枚齿，最后
1 枚显著较大

【别名】蠘仔、剑蠘、牛踏蠘

【特征】头胸甲密布短刚毛，微隆起；螯足左右对称，密生刚毛。

【习性】栖息于沙泥底质浅海海域。

【分布】主要分布于印度－西太平洋海域，我国主要分布于东海和南海。

300. 远海梭子蟹 *Portunus pelagicus* (Linnaeus, 1776)

螯足尖端为深蓝色 ←

雌性

雄性

头胸甲黄棕色并有乳白色小点

头胸甲棕绿色并有乳白色点带

【别名】花蟹、青蚶、蠘仔

【特征】头胸甲隆起并密生颗粒；前侧缘 9 枚齿，最后 1 枚显著较大。

【习性】栖息于浅海沙石底或岩礁海域。

【分布】主要分布于于印度－西太平洋海域，我国沿海均有分布。

301. 红星梭子蟹 *Portunus sanguinolentus* (Herbst, 1783)

螯足可动指内侧有一
暗红色斑块，尖端白色

头胸甲后半部有
3 个眼状暗斑且
边缘为乳白色

【别名】三点蟹、三眼蟹

【特征】头胸甲微隆起并密布小颗粒；前侧缘 9 枚齿，最后 1 枚显著较大；第四步足光
滑无棘；头胸甲及螯足偏黄绿色。

【习性】栖息于浅海岩礁或沙泥底质海域。

【分布】主要分布于印度－西太平洋暖水海域，我国主要分布于东海和南海。

302. 三疣梭子蟹 *Portunus trituberculatus* (Miers, 1876)

步足蓝紫色，
尖端颜色较深

鳃部背侧有 2
个较大白斑

头胸甲前部有 2 条
不连续的白色横带

【别名】金门蠘仔、冬蠘、枪蟹

【特征】头胸甲梭子形，密生细颗粒；前侧缘有 9 枚齿，最后 1 枚显著较大；前额有
3 枚齿；头胸甲边缘及螯足上散布乳白色小点。

【习性】栖息于近海沙泥底质海域。

【分布】主要分布于日本、朝鲜、红海等海域，我国沿海均有分布。

二十四、蟹类

303. 锈斑蟳 *Charybdis feriatus* (Linnaeus, 1758)

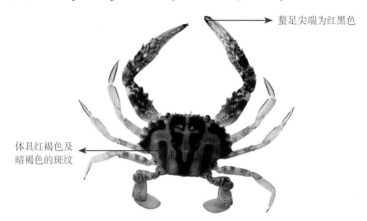

螯足尖端为红黑色

体具红褐色及
暗褐色的斑纹

【别名】花纹石蟹、红虫市仔、火烧公、十字蟹

【特征】头胸甲光滑、隆起，前侧缘有 6 枚齿，后缘明显内缩；掌节腹面肿胀，中央有
1 条光滑隆脊；前额有 6 枚圆钝齿。

【习性】栖息于浅海沙石底或珊瑚礁海域。

【分布】主要分布于日本、澳大利亚、印度等海域，我国主要分布于东海和南海。

304. 日本蟳 *Charybdis japonica* (A. Milne-Edwards, 1861)

螯足尖端深红色

螯足掌节腹面中央
有 1 纵行颗粒隆脊

头胸甲深绿色，
密布绒毛

【别名】石蟹、石岩仔、赤甲红、石蟳仔

【特征】头胸甲横卵圆形，前侧缘有 6 棘，后侧缘内缩；第二触角基部为 9 ～ 10 个颗
粒构成的隆起脊；前额有 6 枚明显的分离齿。

【习性】栖息于潮间带有水草或岩石的沙泥底。

【分布】主要分布于日本、韩国等海域，我国沿海均有分布。

305. 武士蟳 *Charybdis miles* (de Haan, 1835)

螯足散布粉红
和乳白色斑块

头胸甲鳃域有
2 个白色圆斑

头胸甲前端有数
条横向隆线

【别名】石蟳仔、毛狮、红猴蟳、蔻蟳

【特征】头胸甲密布刚毛及分散颗粒；前侧缘有 6 棘，后缘明显内缩；前额有 6 枚齿，
其上有微小颗粒；头胸甲及步足暗红色。

【习性】主要栖息于沙泥底质浅海海域。

【分布】主要分布于日本、澳大利亚等海域，我国主要分布于东海和南海。

二十五、头足类

306. 菱鳍乌贼 *Thysanoteuthis rhombus* Troschel, 1857

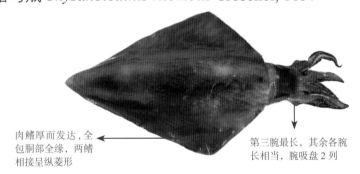

肉鳍厚而发达，全
包胴部全缘，两鳍
相接呈纵菱形

第三腕最长，其余各腕
长相当，腕吸盘 2 列

【别名】鱿鱼、飞管鱿

【特征】胴部狭圆锥形，胴长约为胴宽的 4 倍，体表色素斑细密；生活时体色红、鲜艳；
稚仔的形态与成体相差较大。

【习性】大洋性中表层种类，具昼夜垂直移动习性，随暖流和季风向沿海岛屿附近洄游。

【分布】主要分布在各大洋热带和亚热带海域，我国主要分布于东海和南海。

307. 鸢乌贼 *Symplectoteuthis oualaniensis* (Lesson,1830)

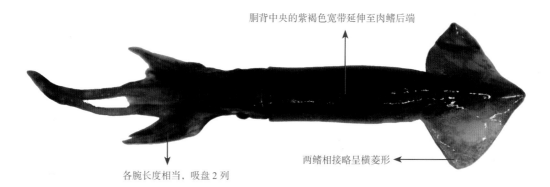

胴背中央的紫褐色宽带延伸至肉鳍后端

各腕长度相当，吸盘 2 列

两鳍相接略呈横菱形

【别名】鱿鱼、南鱿、红鱿

【特征】体圆锥形，内壳角质，狭条形；胴背前方皮肤下方具卵圆形发光组织；鳍长约为胴长的 1/3。

【习性】大洋性种类，栖息水深较广，具洄游习性。

【分布】主要分布于印度洋、太平洋热带和亚热带海域，我国主要分布于东海和南海。

308. 中国枪乌贼 *Loligo chinensis* Gray, 1849

胴部圆锥形，肉鳍位于胴部两侧中后部

具 4 对较短腕足，各有 2 行吸盘

触腕 1 对，明显较长，分别有吸盘 4 对

【别名】鱿鱼

【特征】雄性左侧第四腕茎化，吸盘变成两行突起；胴部腹面具漏斗；内壳薄，不发达角质状。

【习性】栖息于大陆架以内，有群集性。

【分布】主要分布于南北纬 40° 之间的温热带海域，我国主要分布于东海和南海。

309. 剑尖枪乌贼 *Loligo edulis* Hoyle, 1885

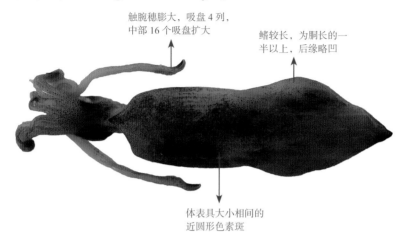

触腕穗膨大，吸盘 4 列，
中部 16 个吸盘扩大

鳍较长，为胴长的一
半以上，后缘略凹

体表具大小相间的
近圆形色素斑

【别名】剑端锁管、透抽、拖鱿鱼

【特征】腕不等长，吸盘 2 列；内壳角质，羽状；直肠两侧各具一纺锤形发光器。

【习性】栖息于沙底质浅海海域，具洄游性。

【分布】主要分布于西太平洋暖水海域，我国主要分布于黄海、东海和南海。

310. 拟目乌贼 *Sepia lycidas* Gray, 1849

外套背散布眼状或唇状的斑块

鳍基部有一白色条带　　触腕穗镰刀形，吸盘 8 列

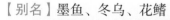

【别名】墨鱼、冬乌、花鳍

【特征】体盾形，背部前端突起尖锐，伸直眼球中线水平位置；腕吸盘 4 列，大小相近；
　　　　内壳长椭圆形，长约为宽的 2.5 倍；腹面横纹倒 V 形。

【习性】暖水性浅海底栖种类。

【分布】主要分布于印度 - 西太平洋海域，我国主要分布于东海和南海。

二十五、头足类

155

311. 虎斑乌贼 *Sepia pharaonis* Ehrenberg, 1831

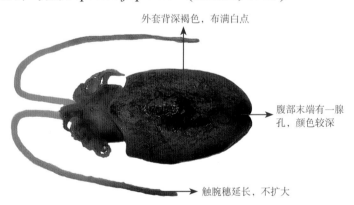

体黄褐色，肉鳍与胴背相接处有 1 圈天蓝色镶边

内壳后端骨针粗壮

胴背面及腕足有褐色波状斑纹

【别名】花枝

【特征】胴部卵圆形，长约为宽的 1.8 倍；肉鳍宽大，末端分离；腕足长度差异较小；内壳发达，长椭圆形。

【习性】暖温性底栖头足类，群集性明显。

【分布】主要分布于红海、阿拉伯海和西太平洋海域，我国沿海均有分布。

312. 日本无针乌贼 *Sepiella japonica* (Sasaki, 1929)

外套背深褐色，布满白点

腹部末端有一腺孔，颜色较深

触腕穗延长，不扩大

【别名】曼氏无针乌贼、墨鱼、墨贼、麻乌贼

【特征】体为宽盾形，胴长为胴宽的 2 倍；鳍周生，前窄后宽；内壳横纹呈倒 U 形；无骨针。

【习性】沿岸暖水底栖种类。

【分布】主要分布于西北太平洋海域，我国主要分布于东海和南海。

313. 真蛸 *Octopus vulgaris* Cuvier, 1797

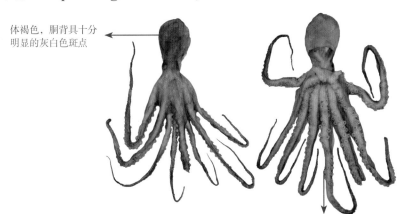

体褐色，胴背具十分明显的灰白色斑点

肉腕4对，长度相近，具大小不一的吸盘

【别名】章鱼、八角、母猪章

【特征】胴部短小，亚圆或卵圆形；无肉鳍，壳退化；胴背表面有稀疏的疣起。

【习性】主要栖息于沙泥底质海域或岩礁缝隙中，具趋光性。

【分布】主要分布于日本、朝鲜等海域，我国主要分布于东海和南海。

二十六、贝类

314. 半扭蚶 *Trisidos semitorta* (Lamarck, 1819)

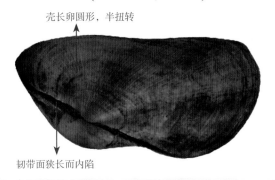

壳长卵圆形，半扭转

韧带面狭长而内陷

【别名】半扭魁蛤、三湾螺

【特征】左壳大于右壳；放射肋与生长线相交成格状；放射肋细密而突出；壳表黄白色；铰合部中间齿小，两侧齿粗大；前闭壳肌痕卵圆形，后闭壳肌痕近圆形。

【习性】生活于水深 20 m 左右的沙泥底质海域。

【分布】主要分布于印度－西太平洋海域，我国主要分布于南海。

315. 赛氏毛蚶 *Scapharca satowi* Dunker, 1882

壳表放射肋约 37 条

壳近长卵形，前端短，后端斜截

【别名】大毛蚶、毛蚶

【特征】壳面白色，被棕色壳皮；壳内面灰白色，具有与壳表放射沟相应的肋纹；前闭壳肌痕椭圆形，后闭壳肌痕方形。

【习性】生活于水深 20 m 左右的沙泥底质海域。

【分布】主要分布于日本、菲律宾、越南海域，我国主要分布于东海和南海。

316. 翡翠贻贝 *Perna viridis* (Linnaeus, 1758)

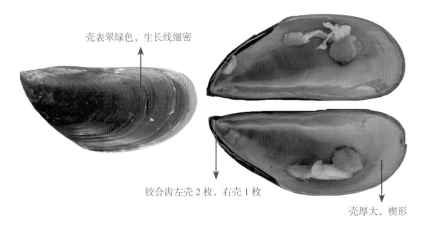

壳表翠绿色，生长线细密

铰合齿左壳 2 枚，右壳 1 枚

壳厚大，楔形

【别名】青口、壳菜

【特征】无前闭壳肌，后闭壳肌痕明显；外套痕明显；足丝发达。

【习性】栖息于水流通畅的岩石上。

【分布】主要分布于印度－西太平洋海域，我国主要分布于南海。

317. 栉江珧 *Atrina pectinata* (Linnaeus, 1767)

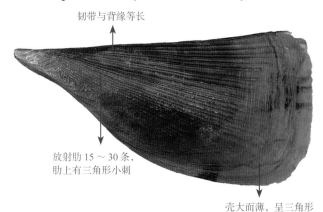

韧带与背缘等长

放射肋 15～30 条，
肋上有三角形小刺

壳大而薄，呈三角形

【别名】牛角蛤、江瑶、玉珧、带子

【特征】两壳闭合时后端有开口；前腹缘直，后腹缘逐渐突出；前半部珍珠层较厚，近
壳缘处无珍珠层。

【习性】暖水性，见于潮下带百米内的浅海海域，营附着或半埋栖生活。

【分布】主要分布于印度 - 西太平洋暖水海域，我国沿海均有分布。

 -

318. 长肋日月贝 *Amusium pleuronectes pleuronectes* (Linnaeus, 1758)

右壳白色

两耳近三角形

左壳表面玫瑰红色，有 24～39 条放射线

【别名】圆贝、飞螺

【特征】壳呈圆盘形，背缘直，腹缘呈圆形；壳面平滑有光泽；铰合部无齿；内韧带三角形。

【习性】栖息于潮下带泥沙或沙泥底质海域。

【分布】主要分布于印度 - 西太平洋暖水海域，我国主要分布于南海和东海。

二十六、贝类

319. 花日本日月贝 *Amusium japonicum balloti* (Bernardi, 1861)

左壳表面深红褐色，具不明显
的放射线和不均匀的生长线

壳内缘淡黄色

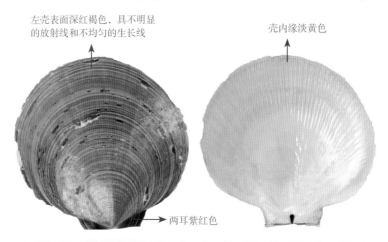

两耳紫红色

【别名】飞螺、带子螺

【特征】壳近圆形，背缘平直，壳顶位于中部；两耳略等，近似三角形。

【习性】生活于沙泥底质浅海海域。

【分布】主要分布于越南、印度尼西亚和澳大利亚等海域，我国主要分布于南海。

320. 海湾扇贝 *Argopecten irradians irradians* (Lamarck, 1819)

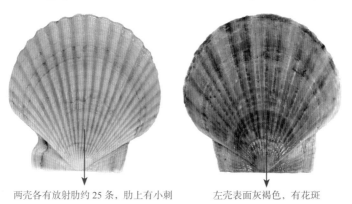

两壳各有放射肋约 25 条，肋上有小刺

左壳表面灰褐色，有花斑

【别名】大西洋内湾扇贝、扇贝

【特征】壳较薄，圆扇形，背缘平直；壳顶稍突出背缘，前耳较后耳小；内韧带黑褐色；
壳内面白色，有肋沟。

【习性】生活于沙泥底质浅海海域。

【分布】主要分布于大西洋沿岸，我国主要分布于南海。

321. 华贵类栉孔扇贝 *Mimachlamys nobilis* (Reeve, 1791)

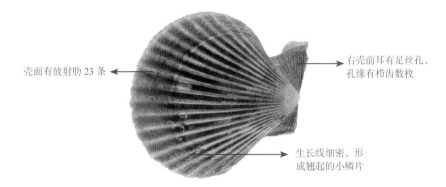

壳面有放射肋 23 条 →

→ 右壳前耳有足丝孔，孔缘有栉齿数枚

→ 生长线细密，形成翘起的小鳞片

【别名】高贵海扇蛤、扇贝

【特征】壳面颜色多变，有紫褐色、黄褐色和淡红色等；壳内面黄褐色；铰合部直，内韧带三角形；左壳前、后耳近三角形，有细肋 7～8 条。

【习性】以足丝附着在低潮区至浅海岩礁。

【分布】主要分布于日本本州岛、四国岛、九州岛及印度尼西亚海域，我国主要分布于南海。

322. 香港巨牡蛎 *Crassostrea hongkongensis* (Lan & Morton, 2003)

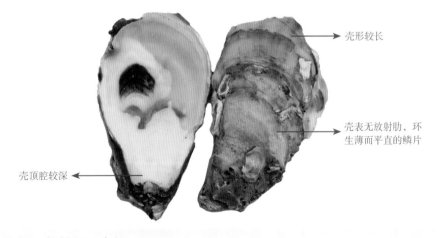

→ 壳形较长

→ 壳表无放射肋，环生薄而平直的鳞片

壳顶腔较深 ←

【别名】生蚝、长牡蛎、大蚝

【特征】壳较小，薄且轻，呈圆形或长形；韧带槽较长。

【习性】多栖息于河口附近盐度较低的内湾。

【分布】主要分布于东南亚沿海，我国主要分布于东海和南海。

二十六、贝类

323. 近江牡蛎 *Crassostrea rivularis* (Gould, 1861)

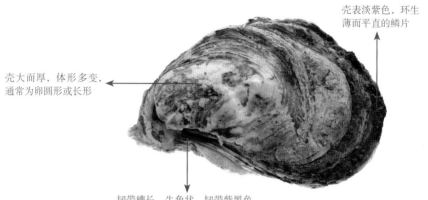

壳大而厚，体形多变，
通常为卵圆形或长形

壳表淡紫色，环生
薄而平直的鳞片

韧带槽长，牛角状，韧带紫黑色

【别名】海蛎子、白蚝、生蚝

【特征】两壳不等，左壳厚大；壳表面无放射肋；壳内面白色，边缘淡紫色；闭壳肌
痕肾形，位于中部背侧。

【习性】多栖息于河口附近盐度较低的内湾。

【分布】主要分布于日本及东南亚海域，我国主要分布于南海。

324. 长格厚大蛤 *Codakia tigerina* (Linnaeus, 1758)

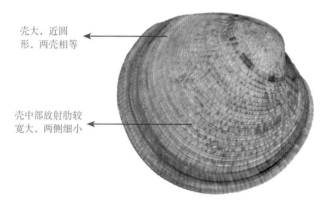

壳大，近圆
形，两壳相等

壳中部放射肋较
宽大，两侧细小

【别名】满月蛤、面包螺

【特征】壳内面卵黄色，边缘玫瑰红色；铰合部齿 2 枚，前侧较大；小月面小，近心
脏形；韧带大，黄褐色；前闭壳肌痕狭长，后闭壳肌痕卵圆形。

【习性】生活于沙泥底质浅海海域。

【分布】主要分布于印度 - 西太平洋热带海域，我国主要分布于南海。

325. 黄边糙鸟蛤 *Trachycardium flavum* (Linnaeus, 1833)

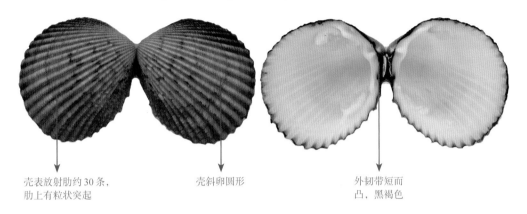

壳表放射肋约 30 条，
肋上有粒状突起

壳斜卵圆形

外韧带短而
凸，黑褐色

【别名】鸡腿螺、美人腿

【特征】壳前部放射肋上有鳞状突起，后部放射肋上有粒状突起；壳内有放射肋纹，边缘呈锯齿状；前、后闭壳肌痕近圆形；铰合部具主齿 2 枚，侧齿呈片状。

【习性】生活于低潮区或浅海沙底。

【分布】主要分布于印度－西太平洋热带海域，我国主要分布于东海和南海。

326. 西施舌 *Coelomactra antiquata* (Spengler, 1802)

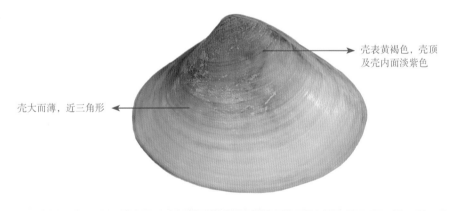

壳表黄褐色，壳顶
及壳内面淡紫色

壳大而薄，近三角形

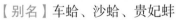

【别名】车蛤、沙蛤、贵妃蚌

【特征】外韧带小，内韧带大，棕黄色；前闭壳肌痕呈方形，后闭壳肌痕卵圆形；铰合部宽，左壳主齿 1 枚，两分叉，右壳主齿 2 枚，呈八字形。

【习性】生活于沙底质浅海海域及潮间带的低潮区。

【分布】主要分布于印度－西太平洋海域，我国沿海均有分布。

327. 澳洲獭蛤 *Lutraria complanata* (Reeve, 1854)

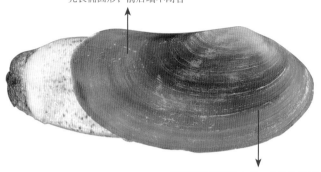

壳长椭圆形，前后端不闭合

壳表有易脱落的皮层，生长线粗细不均

【别名】小象拔蚌

【特征】左壳主齿人字形，右壳主齿八字形；铰合部宽大，韧带槽呈宽匙状；前闭壳肌痕梨形，后闭壳肌痕马蹄形；外套窦宽而深，末端斜截形。

【习性】生活于潮间带至浅海海域。

【分布】主要分布于越南、澳大利亚和菲律宾等海域，我国主要分布于东海和南海。

328. 长紫蛤 *Sanguinolaria elongata* (Lamarck, 1818)

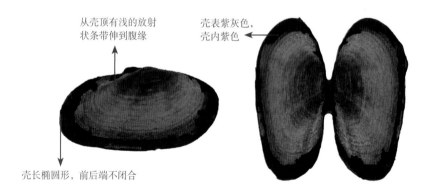

从壳顶有浅的放射状条带伸到腹缘

壳表紫灰色，壳内紫色

壳长椭圆形，前后端不闭合

【别名】紫蛤、西施舌、紫血蛤

【特征】壳顶位于背缘中央偏前的位置，铰合部有主齿2枚；韧带短凸，褐绿色；前闭壳肌痕长卵圆形，后闭壳肌痕圆形。

【习性】生活于河口区的潮间带泥沙底。

【分布】主要分布于印度-西太平洋热带海域，我国主要分布于东海和南海。

329. 大竹蛏 *Solen grandis* Dunker, 1861

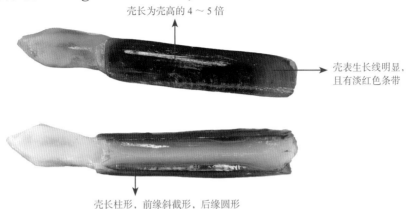

壳长为壳高的 4～5 倍

壳表生长线明显，且有淡红色条带

壳长柱形，前缘斜截形，后缘圆形

【别名】蛏子、竹蛏

【特征】壳表有黄褐色皮，壳内面有淡红色条带；前闭壳肌痕长条状，后闭壳肌痕三角形；壳顶低，位于壳体最前端；铰合齿短小，左右壳各 1 个。

【习性】生活于潮间带中潮区至浅海泥沙底。

【分布】主要分布于印度－西太平洋海域，我国沿海均有分布。

330. 缢蛏 *Sinonovacula constricta* (Lamarck, 1818)

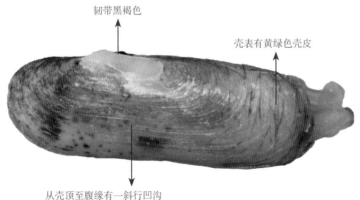

韧带黑褐色

壳表有黄绿色壳皮

从壳顶至腹缘有一斜行凹沟

【别名】蛏子

【特征】壳薄长，两端开口，背腹缘近平行；壳顶位于壳前端 1/3 处；铰合部左壳有主齿 3 枚，右壳主齿 2 枚；前后闭壳肌痕均呈三角形。

【习性】栖息于河口区有淡水注入的软泥底。

【分布】主要分布于日本、朝鲜半岛、澳大利亚，我国主要分布于南海。

二十六、贝类

165

331. 棕带仙女蛤 *Callista erycina* (Linnaeus, 1758)

壳表有棕褐色放射状
条带从壳顶伸至腹缘

壳卵圆形，
黄褐色

生长线形成宽而粗的肋

【别名】女神长文蛤、仙女蛤

【特征】韧带棕黄色；铰合部有主齿 3 枚；小月面楔形，楯面界线不清；前闭壳肌痕
马蹄形，后闭壳肌痕梨形。

【习性】生活于低潮区至浅海沙底。

【分布】主要分布于印度 - 西太平洋暖水海域，我国主要分布于南海。

332. 日本镜蛤 *Dosinia japonica* (Reeve, 1850)

壳顶向前方弯曲，
位于背缘前方 1/3 处

壳表白色，生
长线排列紧密

韧带黄棕色

【别名】日本镜蛤

【特征】铰合部有主齿 3 枚；面长，披针形；外套窦深，尖锥状；小月面深凹，心脏形；
前闭壳肌痕瓜子形，后闭壳肌痕椭圆形。

【习性】生活于潮间带至浅海泥沙底。

【分布】主要分布于朝鲜半岛、日本等海域，我国沿海均有分布。

333. 丽文蛤 *Meretrix lusoria* (Rumphius, 1798)

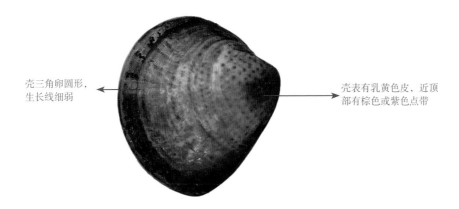

壳三角卵圆形，
生长线细弱

壳表有乳黄色皮，近顶
部有棕色或紫色点带

【别名】蛤蜊、花蛤

【特征】韧带粗短，棕褐色；铰合部有主齿3枚，前侧齿1～2枚；小月面长楔形，楯面宽大；外套窦浅，弧形；前闭壳肌痕长卵圆形，后闭壳肌痕卵圆形。

【习性】生活于潮间带至浅海沙底。

【分布】主要分布于朝鲜半岛、日本北海道以南等海域，我国主要分布于东海和南海。

334. 琴文蛤 *Meretrix lyrata* (Linnaeus, 1758)

壳表有灰黄色壳皮，生长线粗宽呈肋状

韧带粗短，黑褐色

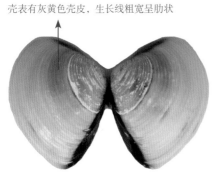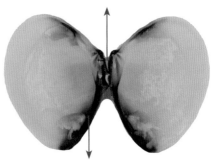

壳内面白色，后背缘紫褐色

【别名】越南文蛤、海白、沙白蛤、皱肋文蛤

【特征】壳呈三角卵圆形；铰合部有主齿3枚，前侧齿1～2枚；外套窦弧形；前闭壳肌痕长卵圆形，后闭壳肌痕近梨形；小月面矛头状，楯面卵梭形，深褐色。

【习性】生活于潮间带至浅海沙底。

【分布】主要分布于泰国湾、越南、菲律宾等海域，我国主要分布于南海。

二十六、贝类

335. 等边浅蛤 *Gomphina aequilatera* (Sowerby, 1825)

壳表颜色变化大，
生长线细密

壳近等边三角形

韧带短粗，黄褐色

【别名】花蛤、等边蛤、花蛤仔

【特征】铰合部有主齿 3 枚，中央齿大；前闭壳肌痕卵圆形，后闭壳肌痕近圆形。

【习性】生活于潮间带至浅海沙底。

【分布】主要分布于日本、朝鲜半岛、越南、印度尼西亚等海域，我国沿海均有分布。

336. 青蛤 *Cyclina sinensis* (Gmelin, 1791)

壳近圆形，壳表多为
棕黄色，周缘紫色

放射肋弱，在
腹缘较明显

生长线细密

【别名】赤嘴仔、赤嘴蛤、环文蛤、海蚬

【特征】铰合部具主齿 3 枚；楯面狭长；外套窦深，三角状；前闭壳肌痕半月形，后闭
　　　　壳肌痕椭圆形。

【习性】生活于潮间带泥沙底。

【分布】主要分布于西太平洋海域，我国沿海均有分布。

337. 沟纹巴非蛤 *Paphia exarata* (Philippi, 1847)

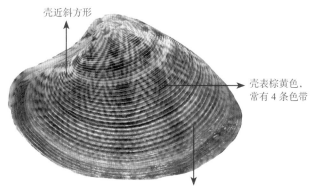

壳近斜方形

壳表棕黄色，
常有 4 条色带

生长线呈肋状，肋间沟较窄

【别名】花甲螺、齐头螺

【特征】壳内白色，壳呈四方卵形；韧带黄棕色；外套窦深；前、后闭壳肌痕明显；
铰合部窄，主齿 3 枚。

【习性】生活于潮间带至沙底质浅海海域。

【分布】主要分布于印度－西太平洋海域，我国主要分布于东海和南海。

338. 波纹巴非蛤 *Paphia undulata* (Born, 1778)

无斜行线纹和放射肋

壳表棕黄色，布满浅褐色波纹

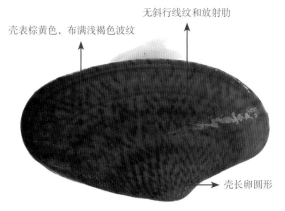

壳长卵圆形

【别名】芒果螺、波纹横帘蛤、花甲螺

【特征】壳内白色或略带紫色；小月面和楯面均为白色，有紫色线纹；韧带棕黄色；铰
合部有主齿 3 枚；前、后闭壳肌痕梨形。

【习性】生活于潮间带至浅海泥沙底。

【分布】主要分布于印度－西太平洋海域，我国主要分布于东海和南海。

二十六、贝类

169

339. 织锦巴非蛤 *Paphia textile* (Gmelin, 1791)

壳表密布波状线纹

壳长卵圆形

壳表中部有与生长线相交的斜纹

【别名】花甲王、花甲螺

【特征】壳内白色或略带紫色；小月面和楯面均为白色，有紫色线纹；韧带棕黄色；铰合部有主齿 3 枚；前、后闭壳肌痕梨形。

【习性】生活于潮间带至浅海泥沙底。

【分布】主要分布于印度洋、菲律宾等海域，我国主要分布于南海。

340. 东方海笋 *Pholas orientalis* Gmelin, 1791

壳顶中间有垂直的隔板

壳表前半部有具棘状的放射肋

壳表后半部有明显的生长线

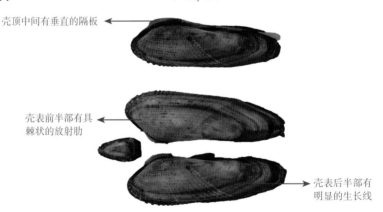

【别名】东方海鸥蛤、玉米棒

【特征】壳大而细长，前中部膨胀，向后逐渐收缩变尖瘦；前闭壳肌痕不明显，后闭壳肌痕椭圆形；外套窦深而圆。

【习性】埋栖生活于浅海较黏的细泥底。

【分布】主要分布于印度－西太平洋海域，我国主要分布于南海。

341. 高雅海神蛤 *Panopea abrupta* (Gould, 1850)

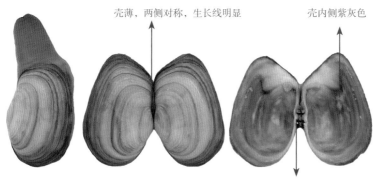

壳薄，两侧对称，生长线明显

壳内侧紫灰色

内韧带位于1个匙状的着带板上

【别名】太平洋潜泥蛤、象拔蚌、皇蛤、管蛤

【特征】闭壳肌为异柱形；小月面和楯面发育不佳；两壳各有一个类似主齿的瘤状突起；行掘穴生活的水管很发达。

【习性】生活于较深水层，在泥沙中穴居。

【分布】原产于美国和加拿大北太平洋沿海，为我国南海和东海养殖种类。

342. 杂色鲍 *Haliotis diversicolor* Reeve, 1846

螺肋明显，有7~9个开孔

壳扁平，呈卵圆形

壳面绿褐色，有杂色斑

【别名】九子螺、九孔鲍

【特征】螺层约3层，螺旋部低小，生长线常形成纵走的褶襞；外唇薄，内唇有狭长的片状边缘；壳内面珍珠光泽强。

【习性】栖息于海藻较多的低潮区岩石礁海底。

【分布】主要分布于越南、日本、印度尼西亚等海域，我国主要分布于南海。

二十六、贝类

二十七、螺类

343. 棒锥螺 *Turritella bacillum* Kiener, 1845

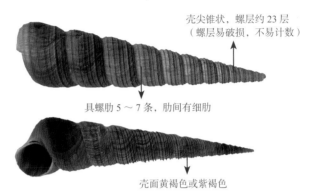

壳尖锥状，螺层约23层
（螺层易破损，不易计数）

具螺肋5～7条，肋间有细肋

壳面黄褐色或紫褐色

【别名】锥螺、火筒螺、单螺

【特征】壳口卵圆形，外唇薄，内唇稍扭曲；无脐。

【习性】生活于低潮线附近至沙泥底质浅海海域。

【分布】主要分布于日本、斯里兰卡等海域，我国主要分布于南海。

344. 斑凤螺 *Strombus lentiginosus* Linnaeus, 1758

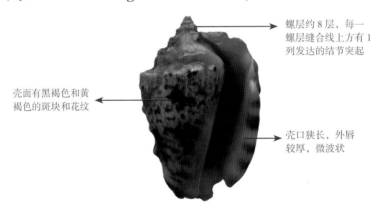

螺层约8层，每一
螺层缝合线上方有1
列发达的结节突起

壳面有黑褐色和黄
褐色的斑块和花纹

壳口狭长，外唇
较厚，微波状

【别名】粗瘤凤凰螺

【特征】壳长卵圆形；壳口前后缘各有1个大凹窦；体螺层有4列结节，第一列发展成
　　　　角状突起。

【习性】生活于低潮区至浅海岩礁或珊瑚礁海底。

【分布】主要分布于印度－西太平洋海域，我国主要分布于东海和南海。

345. 篱凤螺 *Strombus luhuanus* Linnaeus, 1758

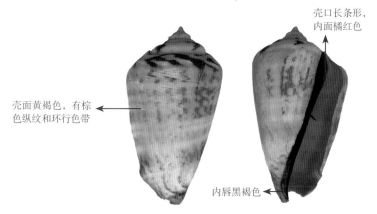

壳口长条形，内面橘红色

壳面黄褐色，有棕色纵纹和环行色带

内唇黑褐色

【别名】红娇凤凰螺、红口螺

【特征】壳倒圆锥形；壳层约9层，缝合线较深，螺旋部低小具纵肋；外唇厚，边缘内卷，两端各有一唇窦；厣柳叶形，一侧具齿。

【习性】生活于潮间带至浅海沙、石或珊瑚礁海域。

【分布】主要分布于印度－西太平洋海域，我国主要分布于东海和南海。

346. 斑玉螺 *Natica tigrina* (Röding, 1798)

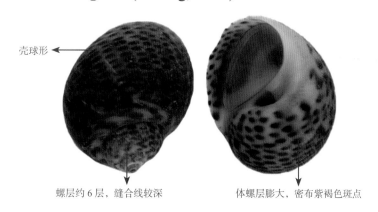

壳球形

螺层约6层，缝合线较深

体螺层膨大，密布紫褐色斑点

【别名】巴西螺、香螺

【特征】生长线细密；壳口卵圆形，内面青白色；外唇弧形，内唇中部有一结节；厣外缘有2条肋纹；脐孔大，部分被结节掩盖。

【习性】生活于潮间带至沙泥底质浅海海域。

【分布】主要分布于西太平洋沿海，我国沿海均有分布。

二十七、螺类

347. 棘赤蛙螺 *Bufonaria perelegans* (Beu, 1987)

壳面黄色或黄褐色，有由粒状结节组成的螺肋弯曲

各螺层两侧各有一纵肋，其上有长的棘刺

外唇厚，内缘有杏黄色齿

【别名】棘蛙螺、文雅蛙螺

【特征】壳菱形；螺旋部较高，棘刺较长；壳口长卵形，内面白色；内唇向外扩张，有褶襞或肋齿；前沟宽，后沟窄呈棘状。

【习性】生活于浅海软泥或泥沙底。

【分布】主要分布于印度－西太平洋海域，我国主要分布于东海和南海。

348. 长琵琶螺 *Ficus gracilis* (Sowerby, 1825)

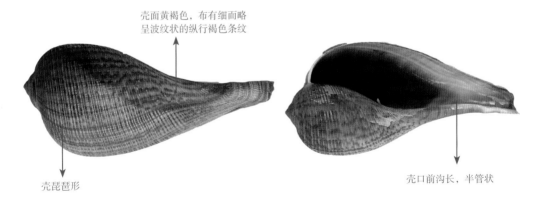

壳面黄褐色，布有细而略呈波纹状的纵行褐色条纹

壳琵琶形

壳口前沟长，半管状

【别名】小琵琶螺、大琵琶螺

【特征】螺层约6层，螺旋部低小，体螺层膨大，缝合线浅；螺肋与纵肋形成小方格；壳口狭长，内面褐色；外唇厚，内唇微弯曲。

【习性】生活于沙泥底质浅海海域。

【分布】主要分布于日本、菲律宾等海域，我国主要分布于东海和南海。

349. 红螺 *Rapana bezoar* (Linnaeus, 1767)

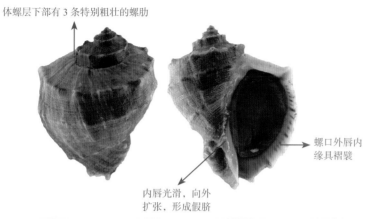

体螺层下部有 3 条特别粗壮的螺肋

螺口外唇内
缘具褶襞

内唇光滑，向外
扩张，形成假脐

【别名】绉红螺、海螺

【特征】壳四方形；螺层约 6 层，螺旋部低小，体螺层膨大，缝合线浅；壳面黄褐色，具细密而稍突出的螺肋；壳口卵圆形，内面淡黄色。

【习性】生活于浅海泥沙底。

【分布】主要分布于西太平洋暖水海域，我国主要分布于东海和南海。

350. 可变荔枝螺 *Thais lacerus* (Born, 1778)

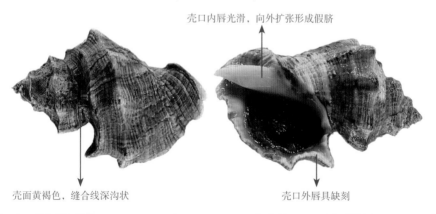

壳口内唇光滑，向外扩张形成假脐

壳面黄褐色，缝合线深沟状

壳口外唇具缺刻

【别名】可变波螺

【特征】壳近纺锤形；螺层约 7 层，螺旋部高；螺旋部各螺层中部有 1 条龙骨状的肩角；螺口卵圆形。

【习性】生活于潮间带中、低潮的岩礁海域。

【分布】主要分布于日本、澳大利亚和印度等海域，我国主要分布于东海和南海。

二十七、螺类

351. 方斑东风螺 *Babylonia areolata* (Link, 1807)

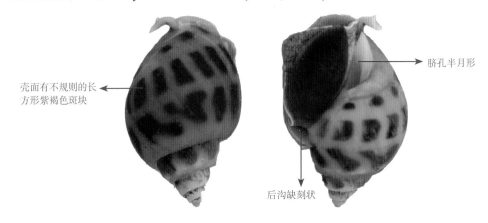

壳面有不规则的长
方形紫褐色斑块

脐孔半月形

后沟缺刻状

【别名】花螺、东风螺、海猪螺、南风螺、号子螺

【特征】壳长卵圆形；螺层约8层，缝合线浅沟状；壳口半圆形，内面白色；外唇弧形，
内唇光滑；前沟宽短，U形；绷带扁平，紧绕脐缘。

【习性】生活于沙泥底质浅海海域。

【分布】主要分布于东南亚沿海，我国主要分布于东海和南海。

352. 长角螺 *Hemifusus colosseus* (Lamarck, 1816)

前沟长，半管状

壳口内面淡黄褐色

壳面黄白色，具棕褐色壳皮和绒毛

【别名】大角螺、角螺、响螺、金丝螺

【特征】壳长纺锤形；螺层约9层，螺旋部圆锥形，体螺层高大，缝合线明显；各螺层
有粗细相间的螺肋和纵肋；外唇边缘有小齿；后沟缺刻状。

【习性】生活于沙泥底质浅海海域。

【分布】主要分布于西太平洋海域，我国主要分布于东海和南海。

353. 管角螺 *Hemifusus tuba* (Gmelin, 1791)

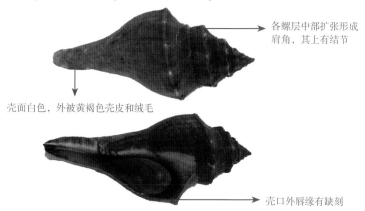

各螺层中部扩张形成肩角，其上有结节

壳面白色，外被黄褐色壳皮和绒毛

壳口外唇缘有缺刻

【别名】角螺、响螺、海螺

【特征】壳纺锤形；螺层约9层，螺旋部圆锥形，体螺层膨大，缝合线深；螺肋粗，生长线明显；壳内面白色，内唇紧贴壳轴。

【习性】生活于浅海沙泥或软泥底质海域。

【分布】主要分布于西太平洋海域，我国主要分布于东海和南海。

354. 大竖琴螺 *Harpa major* Röding, 1798

肋间有白色或褐色 V 形斑纹

有纵肋 12 ～ 14 条，肋上有深褐色横纹

【别名】大杨桃螺

【特征】壳卵圆形；螺层约7层，螺旋部较小，体螺层膨圆，腹面有大片咖啡色斑；外唇有加厚的镶边，内唇稍扭曲。

【习性】生活于浅海泥沙底。

【分布】主要分布于印度 - 太平洋海域，我国主要分布于东海和南海。

二十七、螺类

355. 瓜螺 *Cymbium melo* (Solander, 1786)

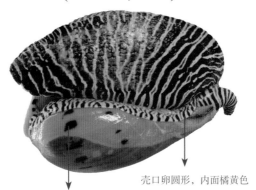

壳口卵圆形，内面橘黄色

壳面光滑，有红褐色大斑块

【别名】油螺、红塔螺、红螺

【特征】壳大，似西瓜；螺旋部低小，体螺层极其膨大；生长线细；外唇弧形，前沟宽短；内唇扭曲，下部有 4 个褶襞。

【习性】生活于浅海泥沙或软泥底质海域。

【分布】主要分布于西太平洋海域，我国主要分布于东海和南海。

二十八、其他类

356. 裸体方格星虫 *Sipunculus nudus* Linnaeus, 1766

口周围有触手状突起

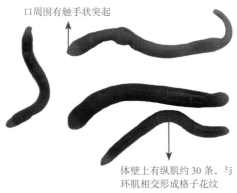

体壁上有纵肌约 30 条，与环肌相交形成格子花纹

【别名】沙虫、星虫、沙肠子

【特征】体呈圆筒形，表面光滑，无体节；前端有吻，能伸缩。

【习性】栖息于沙泥底质、有机质含量丰富的高潮区或红树林的低洼处。

【分布】主要分布于太平洋、印度洋、大西洋沿岸，我国主要分布于黄海、东海和南海。

357. 紫海胆 *Anthocidaris crassispina* (A. Agassiz, 1865)

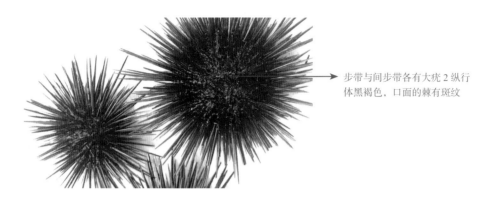

步带与间步带各有大疣 2 纵行
体黑褐色，口面的棘有斑纹

【别名】海胆

【特征】壳坚硬，低半球形；步带到周口部边缘比间步带略低；大棘强大，末端尖锐；
管足内有弓形骨片，两端尖细，背面有一发达突起，形成三叉状。

【习性】常栖息于沿岸岩礁间。

【分布】主要分布于西太平洋海域，我国主要分布于东海和南海。

358. 梅花参 *Thelenota ananas* (Jaeger, 1833)

体红棕色，体背
布满肉刺纹

肉刺基部相连
呈花瓣状纹

腹面平坦，遍布小而密集的管足纹

【别名】红刺参、凤梨参

【特征】体长圆筒状，体壁厚；触手叶状或盾形。

【习性】常栖息于热带海洋的珊瑚礁或有少量水草的礁区。

【分布】主要分布于热带珊瑚礁海域，我国主要分布于南海。

二十八、其他类

参考文献

陈大刚，张美昭，2015.中国海洋鱼类（上、中、下）[M].青岛：中国海洋大学出版社.

陈国宝，梁沛文，等，2016.南海海洋鱼类原色图谱（一）[M].北京：科学出版社.

陈国宝，梁沛文，曾雷，等，2019.南海海洋鱼类原色图谱（二）[M].北京：科学出版社.

陈明茹，杨圣云，2013.台湾海峡及其邻近海域鱼类图鉴[M].北京：中国科学技术出版社.

陈新军，刘必林，2009.常见经济头足类彩色图鉴[M].北京：海洋出版社.

陈新军，刘必林，王尧耕，2009.世界头足类[M].北京：海洋出版社.

陈再超，刘继兴，1982.南海经济鱼类[M].广州：广东科技出版社.

成庆泰，郑葆珊，1987.中国鱼类系统检索(上、下)[M].北京：科学出版社.

褚新洛，郑葆珊，戴定远，等，1999.中国动物志 硬骨鱼纲 鲇形目[M].北京：科学出版社.

福建省水产厅，1993.台湾海峡虾类原色图册[M].福州：福建科学技术出版社.

黄荣富，游祥平，1997.台湾产梭子蟹类彩色图鉴[M].屏东：海洋生物博物馆.

黄宗国，2008.中国海洋生物种类与分布[M].北京：海洋出版社.

黄宗国，林茂，2012.中国海洋生物图集（第六册）[M].北京：海洋出版社.

黄宗国，林茂，2012.中国海洋生物图集（第八册）[M].北京：海洋出版社.

金鑫波，2006.中国动物志 硬骨鱼纲 鲉形目[M].北京：科学出版社.

赖廷和，何斌源，2016.广西北部湾海洋硬骨鱼类图鉴[M].北京：科学出版社.

李思忠，王惠民，1995.中国动物志 硬骨鱼纲 鲽形目[M].北京：科学出版社.

李思忠，张春光，2011.中国动物志 硬骨鱼纲 银汉鱼目 鳉形目 颌针鱼目 蛇鳗目 鳕形目[M].北京：科学出版社.

李永振，贾晓平，陈国宝，等，2007.南海珊瑚礁鱼类资源[M].北京：海洋出版社.

刘静，吴仁协，康斌，等，2016.北部湾鱼类图鉴[M].北京：科学出版社.

刘敏，陈晓，杨圣云，2014.中国福建南部海洋鱼类图鉴（第二卷）[M].北京：海洋出版社.

刘瑞玉，钟振如，1988.南海对虾类[M].北京：农业出版社.

沈世杰，1993.台湾鱼类志[M].台北：台湾大学动物学系.

沈世杰，吴高逸，2011.台湾鱼类图鉴[M].屏东：海洋生物博物馆.

宋海棠，俞存根，薛利建，2006.东海经济虾蟹类[M].北京：海洋出版社.

苏锦祥，李春生，2002.中国动物志 硬骨鱼纲 鲀形目 海蛾鱼目 喉盘鱼目目[M].北京：

科学出版社 .

苏永全 , 王军 , 戴天元 , 等 , 2011. 台湾海峡常见鱼类图谱 [M]. 厦门：厦门大学出版社 .

台湾鱼类资料库 [DB/OL]. http://fishdb.sinica.edu.tw.

王鹏 , 2017. 海南虾类 [M]. 北京：海洋出版社 .

王鹏 , 陈积明 , 刘维 , 2014. 海南主要水生生物 [M]. 北京：海洋出版社 .

伍汉霖 , 邵广昭 , 赖春福 , 等 , 2017. 拉汉世界鱼类系统名典 [M]. 青岛：中国海洋大学
    出版社 .

伍汉霖 , 钟俊生 , 等 , 2008. 中国动物志 硬骨鱼纲 鲈形目 (五) 虾虎鱼亚目 [M]. 北京：
    科学出版社 .

徐凤山 , 张素萍 , 2008. 中国海产双壳类图志 [M]. 北京：科学出版社 .

杨文 , 蔡英亚 , 邝雪梅 , 2017. 中国南海经济贝类原色图谱 [M]. 2 版 . 北京：中国农业出
    版社 .

姚祖榕 , 2003. 东海地区经济水产品原色图集 [M]. 北京：海洋出版社 .

张春光 , 等 , 2010. 中国动物志 硬骨鱼纲 鳗鲡目 背棘鱼目 [M]. 北京：科学出版社 .

张世义 , 2001. 中国动物志 硬骨鱼纲 鲟形目 海鲢目 鲱形目 鼠鱚目 [M]. 北京：科学出版社 .

张素萍 , 2008. 中国海洋贝类图鉴 [M]. 北京：海洋出版社 .

赵盛龙 , 徐汉祥 , 钟俊生 , 等 , 2016. 浙江海洋鱼类志 [M]. 杭州：浙江科学技术出版社 .

中国科学院动物研究所 , 中国科学院海洋研究所 , 上海水产学院 , 1962. 南海鱼类志 [M].
    北京：科学出版社 .

朱元鼎 , 孟庆闻 , 等 , 2001. 中国动物志 圆口纲 软骨鱼纲 [M]. 北京：科学出版社 .

邹国华 , 郭志杰 , 叶维均 , 2008. 常见水产品实用图谱 [M]. 北京：海洋出版社 .

Ahyong S T, Chan T Y, Liao Y C, 2008. 台湾虾蛄志 [M]. 基隆：台湾海洋大学 .

FishBase[DB/OL]. http://www.fishbase.org.

Nelson J S, 2006. Fishes of the World[M]. 4th ed. New Jersey: John Wiley & Sons Inc.

参
考
文
献

拉丁名索引

拉丁名索引

183

拉丁名索引

拉丁名索引

187